Praxiswissen Management · Dr. Matthias Nöllke/Prof. Dr. Christian Zielke/Dr. Georg Kraus

W0077780

Bibliografische Information der Deutschen Nationalbibliothek

Die Deutsche Nationalbibliothek verzeichnet diese Publikation in der Deutschen National-bibliografie; detaillierte bibliografische Daten sind im Internet über http://dnb.dnb.de abrufbar.

Print: ISBN 978-3-648-07014-7   Bestell-Nr.: 10121-0001
epUB: ISBN 978-3-648-07015-4   Bestell-Nr.: 10121-0100
ePDF: ISBN 978-3-648-07016-1   Bestell-Nr.: 10121-0150

Dr. Matthias Nöllke, Prof. Dr. Christian Zielke, Dr. Georg Kraus
Praxiswissen Management
1. Auflage 2015

© 2015 Haufe-Lexware GmbH & Co. KG, Freiburg
www.haufe.de
info@haufe.de
Produktmanagement: Jürgen Fischer

Satz: Agentur: Satz & Zeichen, Karin Lochmann, 83071 Stephanskirchen
Umschlag: RED GmbH, 82152 Krailling
Druck: BELTZ Bad Langensalza GmbH, 99947 Bad Langensalza

Praxiswissen Management

Dr. Matthias Nöllke

Prof. Dr. Christian Zielke

Dr. Georg Kraus

Haufe Gruppe

Freiburg · München

Inhaltsverzeichnis

Teil 2: Training Management 79

Teil 3: Managementbegriffe   169

Vorwort

Einem alten Bonmot zufolge erkennt man gesunde Organisationen daran, dass an ihrer Spitze unfähige Führungspersönlichkeiten stehen, die erstaunlich wenig Schaden anrichten. Leider oder Gott sei Dank gilt dieser Befund heute nicht mehr. Der Unterschied zwischen gutem und schlechtem Management macht sich nur allzu deutlich bemerkbar. Organisationen geraten schnell ins Hintertreffen, wenn sie nicht professionell geführt werden.

Entsprechend groß ist der Bedarf an Erfolg versprechenden Managementmethoden, Techniken und Tools. Doch das Angebot ist unüberschaubar. Immer schneller wechseln sich sogenannte Managementtrends ab. Mal steht der Kunde, mal das Produkt, mal der Mitarbeiter im Mittelpunkt. Mal wird der „Teamgedanke" groß geschrieben, mal geht es darum, die „High Potentials" zu fördern.

Für die Praktiker, die nach wirksamen Methoden Ausschau halten, ist das oftmals verwirrend. Auch hoch qualifizierte Mitarbeiter, die mit einem Mal „Führungsverantwortung" übernehmen müssen, fühlen sich allein gelassen. Der erste Teil des Buches will daher Orientierung geben. Wir stellen Ihnen für die unterschiedlichen Aufgaben, die eine Führungskraft zu erfüllen hat, die besten Managementtechniken vor: leicht verständlich, präzise, praxisorientiert.

Sie stehen zum ersten Mal vor der Herausforderung, eine Führungsaufgabe zu übernehmen? Sie sollen nun planen, steuern, verantworten, Entscheidungen treffen? Und dabei auch noch Ihre Mitarbeiter motivieren und bewerten? Viele – selbst erfahrenere Führungskräfte – fühlen sich in dieser Situation allein gelassen.

Im zweiten Teil erhalten Sie Hilfestellung für den Management-Job: Mit den Übungen und Lösungsvorschlägen können Sie viele Führungssituationen schon einmal quasi „im Trockenen" üben. Wenn Sie die Aufgaben, die direkt aus der unternehmerischen Praxis stammen, lösen, gewinnen Sie Sicherheit für Ihren Führungsalltag: Sie wissen, was eine gute Führungskraft ausmacht, können sich selbst besser einschätzen, wissen, wie Sie Ziele formulieren, planen, delegieren, kontrollieren, kommunizieren, motivieren und Leistungen beurteilen. Erfahreneren Führungskräften bietet der TaschenGuide die Möglichkeit, ihre Kenntnisse zu vertiefen und durch neue Impulse – vor allem bei der Anwendung von Führungsinstrumenten, z. B. Zielvereinbarungen –, ihren Erfolg tagtäglich zu optimieren.

Mit diesem kompakten Trainingsprogramm schaffen Sie die besten Voraussetzungen dafür, souverän in verschiedenen Führungssituationen zu agieren, um sich und Ihre Mitarbeiter zum Erfolg zu führen. Lassen Sie sich überraschen, wie viel Neues Sie für Ihren Führungsalltag entdecken können.

Der kleine Leitfaden in Teil 3 des Buches hilft Ihnen bei der Orientierung durch den Dschungel der aktuellen Managementbegriffe. Sie finden hier die gängigsten „Modewörter", aber natürlich auch die wichtigsten Methoden, Instrumente und Prozesse aus Unternehmens- und Mitarbeiterführung, Organisation, Marketing, Produktion, Logistik und Personal erklärt und in ihrer Praxisrelevanz beleuchtet. Damit auch Sie in der nächsten Besprechung „mitreden" können wie ein Profi.

„Lasst uns ein Kick-Off-Meeting durchführen und dabei den Kanban-Prozess unseres Kaizen-Projekts reviewen." – Sätze wie dieser sind heute im Berufsleben vieler Menschen keine Seltenheit mehr. Denn die Wirtschaftswelt hat sich mittlerweile quasi einen eigenen „Dialekt" zugelegt, der dem, der sich nicht souverän in dieser Welt bewegt, oft das Verständnis erschwert – sei es in Besprechungen, im Kontakt mit Kunden, Agenturen und anderen Geschäftspartnern oder einfach nur beim Lesen des Wirtschaftsteils der Zeitung.

Die „Managementsprache" ist stark und in zunehmendem Maße durch Anglizismen geprägt. Manchmal handelt es sich dabei um Abwandlungen schon bekannter Begriffe, manchmal sind es neu kreierte Worthülsen, manchmal steckt aber auch eine neue, bedeutsame Managementmethode dahinter.

Teil 1: Praxiswissen Management

Was Führungskräfte wissen müssen

„Eine Führungskraft ist dazu da,
dass die anderen die Arbeit tun."

Morton Nolan, britischer Wirtschaftsjournalist

Was zeichnet eine gute Führungskraft aus? Gibt es Standards, die überall gelten? Was können Sie tun, um Ihre persönlichen „Skills" zu verbessern? In diesem Kapitel lernen Sie die Basics von Führung und Management kennen.

Was leistet eine Führungskraft?

Führungskräfte haben eine Fülle von Aufgaben. Sie müssen unter anderem

* Mitarbeiter führen, ihnen Aufgaben, Ressourcen und Ziele geben – oder wieder entziehen,
* Arbeitsergebnisse kontrollieren, freigeben, verantworten,
* ein Budget planen und verwalten,
* Stellenbewerber auswählen,
* Entscheidungen treffen und verantworten,
* Konflikte schlichten,
* Mitarbeiter bewerten, fördern oder auch abmahnen, wenn sie gegen ihre Pflichten verstoßen,
* die eigenen Aktivitäten mit anderen Führungskräften abstimmen,
* Entwicklungen außerhalb der eigenen Abteilung und des eigenen Unternehmens beobachten und bewerten.

Je nach Position können noch zahlreiche Aufgaben hinzukommen. So müssen viele Führungskräfte Verhandlungen führen, Repräsentationspflichten erfüllen, sich mit der strategischen Ausrichtung ihres Geschäftsbereichs auseinandersetzen und vieles mehr. Doch gibt es einen gemeinsamen Nenner für all diese Tätigkeiten.

Alle Führungsaufgaben zielen auf die Tätigkeit von anderen. Meist sind das die eigenen Mitarbeiter, doch es werden durchaus auch externe Arbeitskräfte gemanagt. Andere sollen eine bestimmte Leistung erbringen – dafür muss die Führungskraft sorgen. Das ist ihre Kernaufgabe.

Die häufigsten Führungs-Irrtümer

Irrtum Nummer 1: Die Führungskraft braucht das größte Fachwissen

In vielen Organisationen ist es üblich, dass derjenige Mitarbeiter die Führungsver-antwortung bekommt, der sich in dem betreffenden Gebiet besonders gut aus-kennt. Fachwissen hilft Ihnen, Ihre Führungsaufgaben besser wahrzunehmen. Der entscheidende Punkt ist jedoch: Es ist nicht das Fachwissen, das Sie für eine Füh-rungsposition qualifiziert. Vielmehr ist es die Fähigkeit, das Fachwissen und die Kompetenz von anderen optimal einzusetzen.

Der Experte – die klassische Fehlbesetzung

Unternehmen, die sich einen ausgewiesenen Experten in eine Führungsposition holen, erleben meist eine herbe Enttäuschung: Der Spezialist erweist sich als unge-eignet, Managementaufgaben zu übernehmen. Dafür gibt es einen einfachen Grund: Seine besondere Kompetenz besteht in seinem Fachwissen und nicht darin, das Fachwissen anderer optimal einzusetzen. Seine überragende Kompetenz lässt sich gerade dann am besten nutzen, wenn er nicht die Führungsverantwortung für andere übernimmt.

Natürlich sollte die Führungskraft in dem Bereich, den sie zu verantworten hat, kompetent sein – allein, um die Arbeit ihrer Mitarbeiter angemessen beurteilen zu können. Doch muss sie keineswegs am kompetentesten sein.

> **Beispiel**
>
> In professionell geführten Zeitungsredaktionen werden Sie es selten erleben, dass der Journalist, der am besten schreiben kann, die Redaktionsleitung innehat. Die Starreporter nutzen ihre Kompetenz weit besser, wenn sie selbst schreiben und nicht führen. Tatsäch-lich haben sich manche hervorragende Journalisten keinen Gefallen damit getan, auf den Chefsessel zu wechseln. Und umgekehrt besitzen sehr erfolgreiche Redaktionsleiter nicht unbedingt ein ausgeprägtes Schreibtalent.

Irrtum Nummer 2: Der Mensch steht im Mittelpunkt

Es wird gern behauptet, dass wirksame Führung sich dadurch auszeichne, dass sich alles um „den Menschen" drehe, wobei mit „dem Menschen" der Mitarbeiter ge-meint ist. Doch diese hehren Worte sind eine Legende. Jede Organisation, für die eine Führungskraft arbeitet, verfolgt einen bestimmten Zweck, ob es sich um einen Betrieb, eine Behörde oder um eine Non-Profit-Organisation handelt. Die Füh-rungskraft trägt mit ihrer Leistung dazu bei, diesen Zweck zu erfüllen, auf welcher Position sie sich auch immer befindet.

Die Führungskraft wird daran gemessen, inwieweit sie und ihre Mitarbeiter etwas zu diesem Ziel beitragen. Das ist das einzig entscheidende Kriterium und nicht etwa, wie zufrieden die Mitarbeiter sind oder ob sich kreative Spitzenkräfte in der Abteilung wohlfühlen.

Beispiel
> Die Stationsleitung in einem Krankenhaus hat dafür zu sorgen, dass die Versorgung der Patienten optimal gewährleistet ist – auch wenn das auf Kosten der Mitarbeiterzufriedenheit geht. Auf längere Sicht muss sie natürlich auch etwas gegen aufkommende Unzufriedenheit unter den Mitarbeitern tun. Aber auch hier wieder in erster Linie in Hinblick darauf, dass das eigentliche Ziel erreicht wird: die optimale Versorgung der Patienten.

Der Mensch ist Mittel. Punkt

Als Führungskraft tun Sie gut daran, Zweck und Mittel sorgfältig zu trennen. Natürlich ist es richtig, etwas für seine Mitarbeiter zu tun. Es ist sinnvoll dafür zu sorgen, dass sie ihre Arbeit gerne tun, weil solche Mitarbeiter dann eher dazu beitragen, dass sie ihre Aufgabe erfüllen.

Die Zufriedenheit der Mitarbeiter ist kein Selbstzweck, sondern ein Mittel. Im Mittelpunkt steht Ihre Kernaufgabe und nicht „der Mensch".

> Professionelle Führungskräfte verfolgen nicht einsam und allein ihr Ziel. Vielmehr gelingt es ihnen, ihre Mitarbeiter auf das gemeinsame Ziel zu verpflichten.

Irrtum Nummer 3: Management heißt motivieren, motivieren, motivieren

Eine weitere Managementlegende heißt: Führungskräfte müssen vor allem eines tun – ihre Mitarbeiter motivieren. Manager taugen nichts, wenn sie ihre Leute nicht „richtig motivieren" können. Es genügt nicht, dass die Mitarbeiter einfach ihre Aufgabe erledigen, sie müssen es gerne tun. Oder besser noch: Sie müssen begeistert bei der Sache sein.

So beeindruckend das zunächst erscheint, wenn alle mit vollem Einsatz an ihren Aufgaben arbeiten – ein solches Verständnis von Führung ist äußerst problematisch. Und zwar aus vier Gründen:

- Es wird stillschweigend unterstellt, dass die Mitarbeiter selbst nicht motiviert sind. Motivierung ist Fremdsteuerung, ein anderes Wort für Manipulation.
- Management wird verkürzt auf einen einzigen, gar nicht mal den wesentlichsten Aspekt. Professionelle, hochwirksame Führung ist möglich, ganz ohne die Mitarbeiter zu „begeistern".
- Mitarbeiter, die sich stark engagieren, hegen hohe Erwartungen. Werden diese Erwartungen jedoch enttäuscht, ist eine nachhaltige Demotivierung unvermeidlich.

- Haben Sie Ihre Mitarbeiter für eine bestimmte Aufgabe, ein bestimmtes Projekt „begeistert", können Sie kaum noch umsteuern oder gar das Projekt aufgeben. Ihre Flexibilität ist erheblich eingeschränkt.

Natürlich soll nicht in Abrede gestellt werden, dass es manchmal durchaus angebracht ist, die Mitarbeiter zu motivieren (siehe „Mythos Motivation?"), sie auch emotional anzusprechen und mitzureißen. Aber das ist ein Instrument, von dem Sie – wenn überhaupt – nur sparsamen Gebrauch machen sollten. Es mit „dem" Management gleichzusetzen, ist eine gefährliche Vereinfachung (siehe dazu die Bücher von R. K. Sprenger und S. Kühl, unter „Literatur").

Die Vorteile professioneller Distanz

Bleiben Sie auf einer sachlich-professionellen Ebene, so macht Sie das flexibler – und Ihre Mitarbeiter auch. Persönliche Betroffenheit und Engagement spielen nicht mit hinein und müssen also auch nicht ins Kalkül gezogen werden – einzig und allein die Aufgabe steht im Vordergrund. Das macht die Sache einfacher und ist im Übrigen auch ehrlicher.

Darüber hinaus wirkt es sich auch stark konfliktmildernd aus, wenn Ihre Mitarbeiter nicht mit ihrer ganzen Persönlichkeit involviert sind. Im Berufsleben haben wir es öfter mit Menschen zu tun, die vielleicht nicht ganz auf unserer Wellenlänge liegen, die wir sogar höchst unsympathisch finden. Möglicherweise handelt es sich aber um exzellente Mitarbeiter, die eben ein wenig „schwierig" sind. Eine Verständigung auf einer sachlichen Ebene aber ist möglich. Es wäre leichtsinnig, diesen Vorteil aufs Spiel zu setzen.

Führungskräfte übernehmen komplexe Aufgaben

Wenn Führungskräfte kein besonderes Fachwissen besitzen müssen, wenn sie nicht für die menschliche Wärme sorgen und auch nicht motivieren müssen – wozu eigentlich sind sie denn dann da? Sind sie vielleicht gar verzichtbar?

In den meisten Fällen sicher nicht. Denn Führungskräfte sind immer dann erforderlich, wenn Aufgaben zu komplex werden, um von einem allein bewältigt zu werden. Und in unserer hochkomplexen arbeitsteiligen Welt trifft das auf eine stetig wachsende Anzahl von Aufgaben zu.

Als Führungskraft steuern Sie Kompetenzen

Jede Führungskraft hat mindestens eine komplexe Aufgabe zu erfüllen, oft aber auch ein ganzes Bündel davon. Diese Aufgaben sind höchst unterschiedlich: Vielleicht müssen Sie dafür sorgen, dass alle Kundenanfragen innerhalb von 24 Stunden beantwortet sind, oder dass ein Gebäude von oben bis unten gereinigt wird, dass die Obdachlosen Ihrer Stadt eine warme Suppe bekommen oder dass ein Produkt bis zu einem bestimmten Zeitpunkt auf den Markt kommt.

Im Alleingang können Sie solche Aufgaben nicht bewältigen. Es müssen sich mehrere Menschen darum kümmern, mit unterschiedlichen Kompetenzen, die Sie als Führungskraft steuern müssen.

Dazu gehört, dass Sie

- Ihre Mitarbeiter darüber informieren, welche Leistung sie bis zu welchem Zeitpunkt erbringen sollen,
- fehlende Kompetenzen zukaufen oder dafür sorgen, dass Ihre Mitarbeiter entsprechend qualifiziert werden,
- den Ablauf überwachen, bei Problemen als Ansprechpartner zur Verfügung stehen und geeignete Maßnahmen ergreifen, wenn es Schwierigkeiten gibt.

Sie sind derjenige, der darüber entscheidet, wie vorzugehen ist und wer welche Aufgabe übernimmt. Sie tragen die Gesamtverantwortung, denn Sie steuern den Prozess. Dabei empfiehlt es sich, alle Beteiligten mit in die Verantwortung einzubeziehen. Dazu müssen Sie aber einen Teil Ihrer Verantwortung abgeben.

Auch Führungskräfte haben Führungskräfte

Eigentlich ist es eine Selbstverständlichkeit, und doch wird dieser Aspekt in der Managementliteratur kaum behandelt: Führungskräfte sind in die Hierarchie der Organisation eingebunden, auch ihre Kompetenz wird wiederum von Führungskräften gesteuert, ihr Gestaltungsspielraum ist begrenzt, manchmal sogar wesentlich enger als der Spielraum ihrer Mitarbeiter. Genau das kann ein zentrales Problem von Führung sein: die Kommunikation mit der nächsthöheren Ebene.

Werden an Sie zu hohe oder falsche Anforderungen gestellt?

Wir haben es bereits angesprochen: Ihre Arbeit wird daran gemessen, inwieweit es Ihnen gelingt, die komplexe Aufgabe zu erfüllen, die man Ihnen übertragen hat. Diese Aufgabe wird in der Regel von der nächsthöheren Ebene definiert. Damit werden auch die Anforderungen festgelegt. Und genau das kann für Sie zu einer schweren Belastung werden. Überzogene Anforderungen sind schon schlimm genug, doch lassen die sich unter Umständen noch abmildern. Weit ungünstiger ist es, wenn an Sie die falschen Anforderungen gestellt werden, wenn Sie etwas leisten sollen, was Sie gar nicht anstreben oder sogar für falsch halten.

> **Beispiel**
>
> Ute König leitet ein Servicecenter für telefonische Kundenanfragen. Die Abteilung genießt einen hervorragenden Ruf wegen der freundlichen und kompetenten Betreuung. Da bekommt Frau König von der Unternehmensleitung die Vorgabe, die durchschnittliche Gesprächsdauer von derzeit acht Minuten sukzessive auf zwei Minuten zu senken.

Leisten Sie Überzeugungsarbeit

In solchen Fällen haben Sie tatsächlich nur eine Möglichkeit: Versuchen Sie Ihre(n) Vorgesetzten von diesen Vorgaben mit guten Argumenten abzubringen. Leisten Sie intensive Überzeugungsarbeit, was häufig freilich nicht ganz einfach ist. Gelingt es Ihnen nicht, eine Korrektur zu erreichen, sollten Sie darüber nachdenken, was für Sie letztlich sinnvoller ist: die eigene Auffassung entsprechend „anzupassen" oder die Führungsaufgabe abzugeben, was in manchen Fällen heißen mag, die Stelle zu wechseln.

Sind Sie eine Führungspersönlichkeit?

Folgen wir der Managementliteratur, so zeichnen sich erfolgreiche Führungskräfte unter anderem durch die folgenden Merkmale aus: Willensstärke, Optimismus, Ausgeglichenheit, Charisma, logisches Denken, Humor, Intuition, Stressresistenz, taktisches Geschick, Ausdauer, Genauigkeit, Zuverlässigkeit, Einfühlungsvermögen, Zukunftsorientierung, Flexibilität und Disziplin.

Ja, so hätten wir sie gern, die vorbildliche Führungspersönlichkeit, die selbstverständlich auch noch über tadellose Umgangsformen verfügt, stets geschmackvoll gekleidet ist, sich gesund ernährt und fünf Fremdsprachen perfekt beherrscht. Der Nachteil ist nur: Solche Menschen gibt es nicht, auch nicht unter Führungskräften, die hervorragende Arbeit leisten.

Haben Sie Mut zum persönlichen Profil

Was aber zeichnet dann eine Führungspersönlichkeit aus? Der Managementberater Fredmund Malik meint, die hervorstechendste Eigenschaft erfolgreicher Führungskräfte sei ihre Unterschiedlichkeit: „Genau das, wonach immer wieder gesucht wird, nämlich Gemeinsamkeiten, gibt es nicht."

Im Prinzip ist dem zuzustimmen. Führungskräfte, gerade gute Führungskräfte, haben ein unverwechselbares Profil mit individuellen Stärken und Schwächen. Daran sollten Sie auch nicht viel ändern.

Die beiden Kernkompetenzen

Und doch sind nicht alle Menschen als Führungskraft gleich gut geeignet, wie die Erfahrung lehrt. Wenn es auch schwierig ist, die persönlichen Eigenschaften erfolgreicher Führungskräfte auf einen Nenner zu bringen, so lassen sich doch zwei Kernkompetenzen herauspräparieren, die ganz individuell realisiert werden können. Erfolgreiche Führungskräfte

- können gut mit Menschen umgehen,
- denken ergebnisorientiert.

Können Sie gut mit Menschen umgehen?

Als Führungskraft haben Sie es immer mit Menschen zu tun. Gut mit Menschen umzugehen heißt nicht unbedingt, dass Sie besonders beliebt sein müssen. Auch Führungskräfte, die mit Erfolg nach dem Prinzip „hart, aber fair" verfahren, können auf ihre Weise gut mit Menschen umgehen.

Es geht auch nicht darum, besonders kommunikativ zu sein. Das kann zwar Ihre Arbeit erleichtern, es ist aber keine zwingende Voraussetzung für Ihren Erfolg. Auch wenn Sie ein eher introvertierter, verschlossener Typ sind, können Sie eine exzellente Führungskraft sein.

Es geht vielmehr um einen souveränen Umgang mit Menschen, mit Ihren Mitarbeitern, aber auch mit Ihren Vorgesetzten. Sie sollten im Wesentlichen wissen, wie Sie die anderen zu nehmen haben, erkennen, welche Fähigkeiten sie haben, welche Schwächen, welche Vorlieben, welche Abneigungen. Darauf stellen Sie sich ein und kommen so leichter zum Ziel.

Denken Sie ergebnisorientiert?

Eine zweite Voraussetzung: Verlieren Sie Ihr Ziel nicht aus den Augen. Als Führungskraft müssen Sie ein gutes Ergebnis erreichen. Bei allem, was Sie planen und unternehmen, steht daher die Frage im Vordergrund: Ist das zielführend?

Zum ergebnisorientierten Denken gehört:

- eine realistische Einschätzung, was überhaupt möglich ist, die Kenntnis von Grenzen, aber auch das Aufspüren von Chancen,
- das Verständnis für zeitliche Abläufe und Erkennen von Wirkungszusammenhängen,
- eine konstruktive (nicht „positive") Grundhaltung gegenüber Problemen („Was lässt sich unter den gegebenen Umständen noch erreichen?"),
- ein verantwortungsvoller Umgang mit dem Risiko, weder Ängstlichkeit noch Tollkühnheit, sondern rationale Folgenabschätzung.

Eine solche pragmatische Ergebnisorientierung ist wesentlich nutzbringender als die oft beschworene „positive Einstellung", der selbst verordnete Zwangsoptimismus, der fatale Folgen haben kann. Denn die Ansicht, alles werde gelingen, wenn man nur fest genug davon überzeugt ist, führt oft zu einem dramatischen Realitätsverlust (siehe dazu auch das Buch von Günter Scheich, unter „Literatur").

Wie werden Sie eine Führungspersönlichkeit?

Die Führungspersönlichkeit schlechthin gibt es nicht, es gibt nur die unterschiedlichsten Varianten. Schließlich ist die Persönlichkeit nicht beliebig formbar, auch wenn gelegentlich in einschlägigen Publikationen dieser Eindruck erweckt wird. Das heißt nun aber nicht, dass Persönlichkeitsbildung für Führungskräfte nutzlos wäre. Doch handelt es sich dabei um eine höchst individuelle Sache, die im Übrigen niemals abgeschlossen ist.

Was Sie für Ihre Persönlichkeitsbildung tun können

- Erste Voraussetzung: Analysieren Sie Ihre Stärken und Schwächen (siehe „Stärken-Schwächen-Analyse"). Ein zutreffendes Selbstbild ist ungemein wertvoll.
- Ergebnisorientiertes Denken können Sie sich regelrecht antrainieren. Im Unterschied zum positiven Denken müssen Sie dazu nicht Ihre Überzeugungen auswechseln, sondern nur Ihr Denken auf Ihre Ziele konzentrieren.
- Gut mit Menschen umzugehen lernen Sie nur, indem Sie Erfahrungen sammeln – am besten im praktischen Einsatz in einer Führungsposition.

Sind Sie nun doch keine Führungspersönlichkeit?

Vielleicht stellen Sie fest, dass es Ihnen gar nicht liegt, Führungsverantwortung zu übernehmen. Sie entmutigen Ihre Mitarbeiter, verzetteln sich, geraten in Panik, sobald etwas nicht nach Ihren Vorstellungen läuft, können nicht delegieren. Oder Sie stellen einfach fest, dass Sie unzufrieden sind, weil Sie vor lauter Führungsaufgaben nicht mehr die Zeit finden, selbst zu arbeiten.

In diesem Dilemma stecken viele hoch qualifizierte Mitarbeiter, die Führungsverantwortung übertragen bekommen haben. Hier gilt es, eine Entscheidung zu treffen: Lässt sich das Problem mildern, etwa indem Sie Ihre Führungsverantwortung begrenzen? Oder müssen Sie in Ihre Führungsrolle erst noch hineinwachsen und brauchen lediglich etwas Zeit? Wenn Sie hingegen merken, dass Ihnen diese Rolle grundsätzlich nicht behagt, sollten Sie darüber nachdenken, ob Sie Ihre Fähigkeiten nicht besser nutzen können – ohne sich Führungsverantwortung aufzuladen.

Müssen Vorgesetzte Leader sein?

Seit einigen Jahren wird das Konzept des Leaderships kontrovers diskutiert. Begründet wurde es von Abraham Zaleznik (1924–2011), Professor für Führungsfragen an der Harvard Business School. Zaleznik geht davon aus, dass Führung mehr ist als „nur" gutes Management – Management dabei verstanden als eine Art Führungshandwerk, das Anwenden bewährter Managementtechniken, im Grunde also eine Verwaltungstätigkeit. „Leadership" hingegen ist mehr, es fordert die ganze Persönlichkeit, Leadership muss gelebt werden, vorgelebt werden.

Führungskräfte haben Vorbildfunktion

Das Leadership-Konzept lässt sich durchaus kritisieren, doch macht Zaleznik zu Recht auf einen wichtigen Punkt aufmerksam: Führungskräfte prägen durch ihre Persönlichkeit die Organisation, in der sie wirken. Dies gilt natürlich in erster Linie für jene Führungskräfte, die ganz oben stehen.

Es ist nicht gleichgültig, ob der Chef ein kalter Machtzyniker ist, der seine Mitarbeiter gegeneinander ausspielt, oder jemand, der sich stets bemüht, fair zu sein, ob er konservativ korrekt ist oder kreativ ausgeflippt, ob an der Spitze ein egomanischer Hektiker steht oder eine besonnene Frau, die auf Kooperation setzt.

> Eine Organisation wird stark von den Persönlichkeiten geprägt, die oben stehen, und von denen, die nach oben kommen. Haben kooperative Mitarbeiter keine Chance Karriere zu machen, bleibt das nicht ohne Folgen für die gesamte Organisation.

Müssen Führungskräfte begeistern oder inspirieren?

Leadership bedeutet nicht nur, dass die Führungskraft charakterlich integer sein muss. Vielmehr soll sie darauf hinwirken, ihre Mitarbeiter zu „inspirieren" und zu „begeistern".

Hier zeigt sich die Schwäche des Konzeptes. Denn die Begriffe der Inspiration und der Begeisterung beschreiben Zustände, die mit dem Arbeitsalltag nichts zu tun haben. Machen Sie dies zur Grundlage Ihrer Führung, werden Sie kaum dauerhaften Erfolg erwarten können.

Die folgende Checkliste soll Ihnen helfen, sich selbst als Führungspersönlichkeit besser einzuschätzen. Mit ihrer Hilfe können Sie den äußerst wichtigen Prozess der Auseinandersetzung mit der eigenen Persönlichkeit anstoßen. Sie ist nicht dazu gedacht, Ihre Eignung zu bestätigen oder in Zweifel zu ziehen.

Checkliste: Führungspersönlichkeit

1 Was überwiegt nach Ihrer Einschätzung: Ihre fachliche Kompetenz oder Ihre Führungskompetenz?

2 Wo sehen Sie Ihre Stärken als Führungskraft?

3 Wo sehen Sie Ihre Schwächen und Defizite als Führungskraft?

4 Übernehmen Sie gerne Verantwortung?

5 Denken Sie ergebnisorientiert?

6 Wie ist der „persönliche Draht" zu den Menschen, die Sie führen?

7 Kennen Sie die besonderen Vorlieben/Abneigungen Ihrer Mitarbeiter – bezogen auf ihre
Arbeit?

8 Können Sie Menschen mit unterschiedlichem Hintergrund dazu bewegen zusammenzu-
arbeiten?

9 Merken Sie schnell, welche Personen gut zusammenarbeiten können und welche nicht
zurechtkommen?

10 Fällt es Ihnen schwer, Mitarbeiter auf Fehler aufmerksam zu machen?

11 Trauen Sie sich neue Führungsaufgaben zu?

12 Was reizt Sie an einer Führungsaufgabe?

Selbstmanagement

Effektives Selbstmanagement ist eine wesentliche Voraussetzung für den Erfolg einer Führungskraft. Führungskräfte müssen für Ordnung sorgen, auch und gerade in den oft beschworenen „chaotischen Zeiten" beschleunigten Wandels. Das gelingt nur, wenn Sie sich selbst gut strukturieren.

Stärken-Schwächen-Analyse

Als Führungskraft sollten Sie wissen, was Sie sich zutrauen können und wo es brenzlig wird, wo Ihre Stärken liegen und Ihre Schwachpunkte. Ohne ein halbwegs realistisches Selbstbild laufen Sie Gefahr,

- Aufgaben zu übernehmen, für die andere besser geeignet wären als Sie,
- schlecht zu planen und in Zeitdruck zu geraten, weil Sie Ihren Bedarf falsch eingeschätzt haben,
- ein hohes Maß an Energie in Aufgaben zu investieren, in denen Sie nur mittelmäßige Ergebnisse erbringen,
- Ihre eigentlichen Stärken zu vernachlässigen, anstatt sie auszubauen.

Wir schätzen uns selbst meist nicht richtig ein

Es ist eine psychologische Tatsache, dass Menschen sich selbst nur sehr selten zutreffend einschätzen. Viele sind sich über eklatante Schwächen keineswegs im Klaren, während sie andererseits ihre eigentlichen Stärken übersehen, weil sie ihnen selbstverständlich erscheinen.

Schwächen zeigen sich an Ergebnissen

Wir neigen dazu, unsere Schwächen wegzuerklären. Wenn irgendetwas nicht funktioniert, gibt es dafür immer eine gute Erklärung: Die Umstände sind schuld, der Zufall, die Unfähigkeit der anderen. In unseren Gedanken erscheint unser Verhalten häufig sehr schlüssig. Wir konnten gar nicht anders.

Die anderen aber nehmen unsere Gedanken nicht wahr, sondern nur unsere Taten. Im Ergebnis führt dies zu dem interessanten Effekt, dass aufmerksame Mitmenschen unser Verhalten oftmals viel besser vorhersagen können als wir selbst.

Beispiel

> „Pfefferle will den kompletten Bericht am 28. Oktober abgeben. Also werden wir die erste Version wohl am 6. November bekommen und alle Zahlen am 12. November beisammen haben", kommentiert der Vertriebsleiter. Pfefferle selbst ist zu diesem Zeitpunkt noch ehrlich davon überzeugt, dass er den Oktobertermin halten wird, obwohl er noch nie einen vollständigen Bericht pünktlich abgegeben hat.

Warum wir uns über unsere Stärken täuschen

Wir sind uns aber nicht nur über unsere Schwächen im Unklaren, sondern auch über unsere eigentlichen Stärken. Dafür gibt es zwei Gründe:

- Wir übersehen unsere Stärke, weil uns die damit verbundene Tätigkeit besonders leicht fällt. Wir halten unsere Leistung für selbstverständlich.

- Wir verwechseln unsere Stärken mit Fähigkeiten, die wir gerne hätten, für die wir aber gar nicht so begabt sind. Tatsächlich investieren wir sehr viel Energie und erreichen nur mittelmäßige Resultate.

Wie Sie zu einem realistischen Selbstbild gelangen

Im Prinzip gibt es nur einen Weg zu einem realistischen Selbstbild: Den neutralen Blick von außen. Das bedeutet, Sie müssen sich in gewissem Sinne selbst überlisten. Dazu stehen Ihnen drei Möglichkeiten offen:

- Coaching: Sie lassen sich von einer vertrauenswürdigen, neutralen Person beobachten und beurteilen.

- Bewertung: Sie lassen sich von Ihren Mitarbeitern, Vorgesetzten, Kollegen oder Kunden beurteilen. Die Ergebnisse sollten Sie sorgfältig interpretieren, eventuell in einem Feedback-Gespräch.

- Protokoll: Sie zeichnen auf, was wichtig ist, und analysieren sich selbst – allerdings mit zeitlichem Abstand.

Die Feedback-Analyse

Der Managementberater Peter Drucker empfiehlt die dritte Methode, die er „Feedback-Analyse" nennt. Dabei geht es um schonungslose Selbstanalyse anhand von Protokollnotizen: „Sobald Sie eine Schlüsselentscheidung treffen oder etwas Entscheidendes unternehmen, sollten Sie sich notieren, mit welchen Auswirkungen Sie rechnen. Neun oder zwölf Monate später sollten Sie vergleichen, was tatsächlich eingetreten ist", rät Drucker.

Tatsächlich hilft Ihnen der zeitliche Abstand, die Dinge nüchterner und zutreffender zu beurteilen, wenn Sie die Notizen von damals mit dem Wissen von heute durchmustern. Bedingung ist allerdings, dass Sie Ihre Einschätzung schriftlich festgehalten haben. Wenn Sie später versuchen im Gedächtnis zu rekonstruieren, wie ein bestimmtes Projekt abgelaufen ist, funktioniert die Selbstüberlistung nicht.

Wie erkennen Sie Ihre Stärken und Ihre Schwächen?

Einige Hinweise für Ihre Stärken-Schwächen-Analyse:

- Nehmen Sie nur solche Eigenschaften unter die Lupe, die für Ihre Führungsaufgabe relevant sind. Wenn Ihre große Schwäche das Kopfrechnen ist, dann spielt das in einer Position, in der Sie nie in die Verlegenheit kommen werden zu rechnen, nicht die geringste Rolle.

- Trennen Sie zwischen Meinungen und Tatsachen. Wenn Sie glauben, dass Ihre Stärke darin besteht, andere mitzureißen, dann fragen Sie sich, worauf sich diese Annahme gründet. Gab es solche Situationen? Was ist genau geschehen? Wodurch ist es Ihnen gelungen, andere zu begeistern? Wen haben Sie begeistern können? Sind Sie bei anderen möglicherweise auf Widerstand gestoßen?

- Achten Sie auf Dinge, die Ihnen leicht fallen. Sehr oft verbirgt sich hier eine Stärke, die Sie ohne großen Aufwand weiter ausbauen können.

- Tätigkeiten, die Ihnen zurzeit schwer fallen und wenig Vergnügen machen, müssen keineswegs Ihre Schwäche sein. Vor allem dann nicht, wenn es sich um anspruchsvolle Aufgaben handelt. Das entscheidende Kriterium ist: Welche Resultate bringen Sie zustande? Und wäre unter den gegebenen Umständen ein besseres Resultat zu erzielen gewesen?

- Unterscheiden Sie bei Ihren Stärken Wunsch und Wirklichkeit. Nicht, was Sie gerne tun, was Sie erreichen wollen, ist ausschlaggebend, sondern, was Sie bereits getan haben.

Die folgende Checkliste soll Ihnen helfen Ihr eigens Profil zu erkennen. Es geht nicht darum, einen möglichst hohen Gesamtwert zu erreichen

Wichtig: Die Liste stellt nur eine Anregung dar. Sie sollten sie Ihren individuellen Anforderungen anpassen.

Checkliste: Stärken-Schwächen-Analyse

Eigenschaft	Bewertung (0–10 Punkte)
Meine Abteilung und ich sind gut organisiert.	
Ich bin für meinen Bereich fachlich kompetent.	
Entscheidungen treffe ich sicher und überlegt.	
Durch Kreativität entwickeln wir Lösungen und neue Produkte.	
Meine Mitarbeiter setze ich nach ihren Fähigkeiten ein.	
Ich kann meinen Standpunkt gut vertreten.	
Ich kann gut zuhören.	
Ich kann mich durchsetzen.	
Ich fördere die Ideen meiner Mitarbeiter.	
Ich bin jederzeit ansprechbar.	
Ich behandle meine Mitarbeiter fair.	
Ich habe keine Scheu vor unangenehmen Aufgaben.	
Ich übe konstruktiv Kritik.	
Ich kann gut mit Kritik umgehen.	
Ich arbeite diszipliniert.	
Ich informiere meine Mitarbeiter klar und umfassend.	
Zeitliche Vereinbarungen halte ich pünktlich ein.	
Ich sorge für ein gutes Arbeitsklima.	
Ich komme gut mit schwierigen Mitarbeitern zurecht.	
Die Bedürfnisse unserer Kunden sind mir bekannt und ich arbeite an der Verbesserung unseres Angebots.	
Die Leistungen meiner Abteilung kann ich klar beurteilen.	
Gesamtpunktzahl	

Ergebnis: Liegt Ihre Gesamtpunktzahl über 180, neigen Sie vermutlich dazu, sich ein wenig zu enthusiastisch zu beurteilen. Wenn Ihre Gesamtpunktzahl unter 80 Punkten liegt, sind Sie entweder zu selbstkritisch oder aber Sie sollten generell überlegen, ob es richtig ist, Führungsverantwortung zu übernehmen. So gesehen liegt ein „optimales" (nämlich weiterführendes) Ergebnis im Bereich von 110 und 160.

Stärken und Schwächen managen

Es kommt nun darauf an, welche Konsequenzen Sie aus Ihrer Analyse ziehen. Versuchen Sie nicht, primär Ihre Schwächen loszuwerden, denn dies ist auch bei großem Einsatz nur eingeschränkt möglich.

Konzentrieren Sie sich ganz auf Ihre Stärken und versuchen Sie, sie weiter auszubauen, um Spitzenleistungen zu erreichen. Für Ihre Schwächen suchen Sie sich Unterstützung bei anderen. Sie erzielen mit geringerem Aufwand bessere Resultate, wenn Sie auf vorhandenen Stärken aufbauen.

Doch ist es nicht immer möglich, seine Schwächen einfach auf sich beruhen zu lassen und die Aufgaben an andere abzugeben. Wenn Sie beispielsweise merken, dass Sie Schwierigkeiten haben, die Leistungen Ihrer Mitarbeiter angemessen zu beurteilen, können Sie sich dennoch nicht Ihrer Verantwortung entziehen. Auch wenn es für Sie mühsam und nur eine lästige Pflicht ist, sollten Sie es sich etwas Anstrengung kosten lassen, Ihre Fähigkeit zu verbessern.

Selbstorganisation

Führungskräfte sollen Unwägbarkeiten nicht erzeugen, sondern managen, also für die eigenen Ziele nutzen. Dies gelingt nur, wenn Sie gut organisiert sind. In Ihrem unmittelbaren Umfeld sollten Sie alles so überschaubar wie möglich halten. Komplexität entsteht ganz ohne unser Zutun.

Führung braucht Ordnung

Wenn Sie arbeitsfähig bleiben wollen, müssen Sie permanent für Ordnung sorgen – als Erstes auf Ihrem Schreibtisch.

Halten Sie alles so einfach wie möglich

Ihre erste Maxime sollte sein, für Einfachheit zu sorgen. Wo immer es möglich ist – vereinfachen Sie. Sorgen Sie für ein einfaches Ablagesystem, für einfache Regeln und Verfahren. Kompliziert werden die Dinge von allein. Dabei dürfen Sie freilich nur so weit vereinfachen, wie es die Dinge oder Ihre Aufgaben zulassen. Doch bleibt Ihnen da sicherlich ein größerer Spielraum, als Sie vielleicht annehmen.

Verzichten Sie auf alles Überflüssige

Maxime Nummer zwei: Was Sie in absehbarer Zeit nicht wirklich brauchen, muss aussortiert werden: Schriftstücke, Aufgaben, Geräte oder Aufträge. Entrümpeln Sie, wo immer es geht.

Hinterlassen Sie stets einen aufgeräumten Schreibtisch

Dritte Maxime: Verhindern Sie, dass Dinge liegen bleiben – auch ganz buchstäblich auf Ihrem Schreibtisch. Räumen Sie Ihren Schreibtisch auf, bevor Sie ihn verlassen. Was an Schriftstücken und Notizzetteln darauf herumliegt, ordnen Sie dort ein, wo es hingehört und wo Sie es schnell wiederfinden – oder Sie werfen es weg.

Hindern Sie sich daran, Fehler zu machen

Immer wieder kommen ärgerliche kleine Fehler vor, die manchmal eine überraschend große Wirkung haben. Wir vergessen Dinge, lassen sie fallen oder drücken die falsche Taste. Um diesen kleinen Fehlern zu begegnen, haben japanische Unternehmen kleine, aber wirksame Vorkehrungen getroffen, sogenannte Poka-Yokes. Versuchen Sie für Ihren eigenen Bereich solche Poka-Yokes zu entwickeln, ähnlich wie im folgenden Beispiel:

Beispiel

> Im Krankenhaus liegen alle chirurgischen Instrumente für eine bestimmte Operation auf einem Tablett mit Vertiefungen für jedes Instrument. Hat der Chirurg vor dem Vernähen des Schnitts nicht alle Instrumente zurückgelegt, fällt das sofort auf.

Schreiben Sie die „kleinen Probleme" auf, die Ihnen hin und wieder Ärger bereiten: Schlüssel, die nicht auffindbar sind, Akten, die zu Hause gelassen werden, Geräte, die man nicht abgeschaltet hat – und finden Sie dazu passende Poka-Yokes.

Zielmanagement

Ziele geben Ihrem Handeln Richtung. Ein ganz wesentlicher Teil von Führung besteht darin, Ihren Mitarbeitern Ziele zu geben – und zwar die richtigen Ziele (siehe „Führen mit Zielvereinbarungen"). Nicht alle Ziele können Sie als Führungskraft selbst festlegen. Oberziele sind in der Regel vorgegeben. So sollen Sie zum Beispiel dafür sorgen, dass Ihre Abteilung ein bestimmtes Umsatzziel erreicht oder einen anderen, wohl definierten Beitrag zum Erfolg des Ganzen leistet.
Zielmanagement hat im Wesentlichen drei Aufgaben:

* Ziele klar und präzise zu fassen,
* Ziele zu strukturieren und Prioritäten zu setzen,
* allgemeine Oberziele auf konkrete Unterziele (für Mitarbeiter oder Projektteams) herunterzubrechen.

Konkretisieren Sie Ihre Ziele

Als Erstes sollten Sie Ihre Ziele möglichst präzise bestimmen. Zunächst gilt es zu unterscheiden zwischen den Vorgaben, die Sie auf Ihrer Position zu erfüllen haben, und Zielen, die Sie sich selbst setzen. Das eine ist die Pflicht, das andere die Kür.

Ziele müssen messbar sein

Die erste Anforderung, der ein Ziel genügen muss: Es muss zweifelsfrei erkennbar sein, ob Sie es erreicht haben oder nicht. Ziele wie „Wir wollen einen exzellenten Kundendienst bieten", „Der Kundennutzen steht für uns im Vordergrund" oder „Wir wollen besser sein als die Konkurrenz" mögen durchaus ehrenwert sein, doch müssen sie konkretisiert werden, sonst bleiben sie unverbindlich und damit wirkungslos. Ihre Ziele müssen messbar sein. Es muss vorher festgelegt werden, wodurch dieses Ziel erreicht wird. Dabei können Sie durchaus mehrere Messgrößen einführen.

Beispiel

Den „exzellenten Kundenservice" können Sie etwa messbar machen durch die durchschnittliche Zeitspanne zwischen Fehlermeldung und Fehlerbehebung oder mittels Bewertung durch die Kunden, die Sie durch einen Fragebogen erfassen.

Im Vordergrund Ihrer Zielbestimmung muss die Frage stehen: Was ist das Wesentliche? Worauf kommt es an? Erst dann sollten Sie sich um die Frage kümmern, wie man messen kann. Anderenfalls besteht die Gefahr, dass Sie sich vor allem um solche Ziele kümmern, die am leichtesten messbar sind – ein verbreiteter, aber verhängnisvoller Fehler.

Sorgfalt bei den Messgrößen

Wichtige Ziele lassen sich oftmals nicht direkt messen. Dann müssen Sie sie einkreisen, indem Sie möglichst aussagekräftige Indikatoren festlegen, und zwar mehrere. Die Schnelligkeit, mit der die Kundenaufträge bearbeitet werden, ist sicherlich ein wichtiger Indikator für die Qualität des Services, sie darf aber auf keinen Fall der einzige sein. Sonst bekommen Sie vielleicht einen schnellen, aber unzuverlässigen Kundendienst.

Darüber hinaus gilt es zu überlegen, welches Maß sinnvollerweise angestrebt werden sollte. Erhöhen Sie die Schnelligkeit, mit der Ihr Kundendienst arbeiten muss, über ein bestimmtes Maß, so verursacht das hohe Kosten, geht zulasten der Gründlichkeit und dürfte für die Kunden nur von begrenztem Nutzen sein.

Bringen Sie Ordnung in Ihre Ziele

Viele Führungskräfte nehmen sich eine Menge Ziele vor: Umsatz steigern, Zahl der Fehltage reduzieren, Reklamationen senken, Betriebsklima verbessern, Sitzungen effektiver gestalten, Konflikte frühzeitig schlichten, Webauftritt neu konzipieren, ein neues Mitarbeiterbewertungssystem einführen und, und, und.

Das alles ist wichtig. Wenn nur eine Sache schiefgeht, kann das sehr unangenehme Folgen haben. Und doch ist es nicht möglich, alle Ziele zugleich mit der gleichen Intensität zu verfolgen. Wenn Sie Ihre Ziele erreichen wollen, müssen Sie ihre Anzahl radikal begrenzen.

Was ist wirklich wichtig?

Je weniger Ziele Sie sich vornehmen, desto stärker können Sie Ihre Kräfte konzentrieren und umso besser werden die Ergebnisse sein, die Sie erreichen. Im beruflichen Alltag scheint diese Konzentration schwierig zu sein, denn als Führungskraft werden Sie oft mit allen möglichen Anforderungen und Erwartungen überhäuft.

Umso wichtiger ist es, dass Sie hier aktiv gegensteuern. Setzen Sie klare Prioritäten. Was ist im Moment die wichtigste Aufgabe, die Sie erfüllen müssen? Was ist zurzeit Ihr Thema? Wenn Sie sich darauf konzentrieren, haben Sie alle Energien frei, die sonst gebunden wären.

> Kommt es an irgendeiner Stelle zu ernsthaften Schwierigkeiten, entsteht akuter Handlungsbedarf und Sie müssen Ihre Prioritäten ändern. Oder Sie delegieren (siehe „Richtig delegieren") bestimmte Ziele an einen Ihrer Mitarbeiter, während Sie sich um Ihr Hauptziel kümmern.

Das Optimum, das Sie anstreben sollten: Nie mehr als ein Ziel gleichzeitig in den Mittelpunkt stellen. Sonst verzetteln Sie sich und erreichen gar nichts. Die anderen Hauptziele behalten Sie im Auge, wobei Sie auch ihre Anzahl strikt begrenzen sollten – auf höchstens sieben Ziele. Machen Sie sich klar: Jedes Ziel, das Sie nicht verfolgen, setzt Ressourcen frei für die verbleibenden Ziele.

Wie Sie Oberziele herunterbrechen

Die dritte Aufgabe beim Zielmanagement besteht darin, die großen Ziele oder Vorgaben „herunterzubrechen", sie in überschaubare kleine Ziele aufzuteilen, und zwar in zweifacher Hinsicht:

- Mitarbeiterebene: Sie unterteilen das große Ziel in lauter individuelle Ziele, die Ihre Mitarbeiter erreichen müssen (siehe „Führen mit Zielvereinbarungen").
- Zeitliche Ebene: Sie gliedern das große Ziel in mehrere Etappen, definieren „Meilensteine", die zu einem bestimmten Zeitpunkt erreicht sein müssen.

Bei der „Verteilung" auf die Mitarbeiter sollten Sie überlegen: Wer kann welchen Beitrag leisten, welche Aufgabe übernehmen? Ideal ist es, wenn sich die Aufgaben klar voneinander abgrenzen lassen. Dann ist der Koordinationsbedarf gering und die Verantwortung lässt sich klar erkennen. Vermeiden Sie unbedingt, dass sich

Zuständigkeiten überschneiden oder Aufgaben doppelt besetzt werden. Das schafft Konflikte und demotiviert.

Bei der zeitlichen Aufteilung hat es sich bewährt, vom Ende her nach vorn zu planen, also als Erstes festzulegen, an welchem Termin das Gesamtziel erreicht sein soll, und dann die einzelnen Etappen zu verteilen.

Zeitmanagement

Zeitmangel gilt nach wie vor als eine Art Statussymbol und nicht als Ausdruck mangelhafter Planung: Wer keine Zeit hat, ist viel beschäftigt und wichtig.

Dabei eröffnen sich oft ganz neue Möglichkeiten, wenn man professionelles Zeitmanagement betreibt. Machen Sie sich aber klar, dass Zeitmanagement selbst auch Zeit in Anspruch nimmt, gerade am Anfang.

Die Grundsätze des Zeitmanagements

Will man die unterschiedlichen Methoden des Zeitmanagements auf einen gemeinsamen Nenner bringen, so ergeben sich fünf Grundsätze, denen zu folgen ist:

1. Istzustand erfassen und analysieren,
2. „Zeitfresser" eliminieren,
3. wichtigen Aufgaben Vorrang geben,
4. Unterbrechungen unterbinden, „Blockzeiten" ermöglichen,
5. durch maßgeschneiderte Planung Zeit gewinnen.

1. Dokumentieren Sie den Istzustand

Bevor Sie eine Verbesserung herbeiführen können, müssen Sie die aktuelle Situation erfassen. Halten Sie genau fest, womit Sie Ihren Arbeitstag verbringen: wann Sie mit welchen Tätigkeiten beschäftigt sind, mit welchen Personen Sie zu tun haben und welche Störungen aufgetreten sind. Wenn sich zeigen sollte, dass Ihr Arbeitstag zerhackt ist in lauter kleine Aufgaben, dass Sie in Ihren Tätigkeiten ständig unterbrochen werden, dass Sie die meiste Zeit in Sitzungen zubringen, bei denen nicht viel herauskommt – nun, dann haben Sie durchaus keinen untypischen Arbeitstag für eine Führungskraft, einen Arbeitstag allerdings, der sich durch Zeitmanagement effektiver gestalten lässt.

Die Zeitprotokolle haben zwei Funktionen: Erstens wird erkennbar, wo Verbesserungspotenzial besteht. Zweitens ergeben sich aber auch Anhaltspunkte für Ihren persönlichen Arbeitsstil.

> Achten Sie darauf, unter welchen Bedingungen Sie am produktivsten sind: Wenn Sie allein und völlig ungestört sind? Oder im Dialog mit einem engen Mitarbeiter? Im Team oder im Anschluss an eine Sitzung? Wenn Sie unter Zeitdruck geraten oder wenn Sie sich von allen Zwängen befreit fühlen? Sind Sie frühmorgens am leistungsfähigsten, am Vormittag, nachmittags oder abends – womöglich nach Dienstschluss? Das sollten Sie wissen, damit Sie besser planen können.

2. Eliminieren Sie die Zeitfresser

Wenn Sie Ihr Zeitprotokoll durchmustern, werden Sie sicher eine ganze Reihe von „Zeitfressern" entdecken, das sind Umstände, die dafür sorgen, dass Sie viel Zeit verlieren. Solche Zeitfresser sind zum Beispiel:

- unproduktive Sitzungen und Besprechungen,
- unstrukturiertes Vorgehen: Sie haben „keinen Plan" und probieren erst einmal alle möglichen Dinge aus,
- mangelnde Ordnung und Organisation: Wer Unterlagen, Notizen oder Telefonnummern suchen muss, verliert Zeit,
- Perfektionismus und Übervorsicht: Alles klären zu wollen, sich doppelt und dreifach abzusichern kostet viel Zeit,
- unwesentliche Aufgaben, die Sie sich haben aufdrängen lassen,
- unangemeldete Besucher, die Ihre Zeit beanspruchen,
- Aufgaben, bei denen absehbar ist, dass Sie sie nicht zu Ende führen,
- Aufgaben, die Sie noch zu Ende führen, obwohl absehbar ist, dass sie nicht viel bringen.

Wenn Sie solche „Zeitfresser" systematisch eindämmen, können Sie schon viel Zeit gewinnen. Sie erreichen das durch bessere Organisation, Konzentration auf die wesentlichen Aufgaben und durch Delegation.

Doch Vorsicht – auch die leistungsfähigste Führungskraft kann nicht immer nur „produktiv" sein. Stolpern Sie nicht in die Effektivitätsfalle, denn Sie brauchen Phasen der Entspannung, der Ablenkung, in denen Sie gar nichts oder etwas ganz anderes tun. Solche Zeiten sind ungemein wichtig, sie sind die Quelle schöpferischer Ideen.

3. Erledigen Sie die wichtigsten Dinge zuerst

Häufig wenden sich Führungskräfte zunächst den Aufgaben zu, die sich relativ schnell erledigen lassen, den Routineaufgaben, dem „Kleinkram", den sie „hinter sich bringen" wollen. Im Ergebnis führt das dazu, dass für die Tätigkeiten, auf die es eigentlich ankommt, keine Zeit mehr bleibt.

Effektives Zeitmanagement bedeutet, dass Ihre wichtigsten Aufgaben auch vorrangig zu behandeln sind. Erst wenn diese erledigt sind, sollten Sie sich weniger bedeutsamen Dingen zuwenden.

Und wenn die nun liegen bleiben? Dazu hat der Managementberater Peter Drucker formuliert: „Effective executives do first things first and second things not at all!" Das mag etwas zugespitzt formuliert sein, doch trifft es den Kern: Als Führungskraft ist es nicht Ihre Aufgabe, Ihre Zeit mit „zweitwichtigen" Dingen zuzubringen.

> Natürlich gibt es neben der „Wichtigkeit" noch eine weitere Unterscheidung, nämlich zwischen „dringlich" und „weniger dringlich". Dringliche Aufgaben, die aber weniger wichtig sind, sollten Sie nach Möglichkeit delegieren (siehe „Richtig delegieren").

4. Unterbinden Sie Unterbrechungen

Wie Studien zeigen, werden Führungskräfte in ihrer Arbeit ständig unterbrochen. Vor allem das Telefon sorgt dafür, dass sie immer wieder aus ihrer Arbeit herausgerissen werden. Diesen Effekt sollten Sie unterbinden, wenn Sie als Führungskraft wirksam sein wollen, denn Unterbrechungen machen konzentriertes Arbeiten unmöglich.

> Planen Sie feste Zeiten ein, zu denen Sie zu sprechen sind. Jeder, der etwas von Ihnen will, wird diese Zeiten respektieren. Davon abgesehen sollten Sie sich auch bei Ihren kommunikativen Aufgaben, etwa bei einem Mitarbeitergespräch, nicht von anderen unterbrechen lassen.

Nicht immer lassen sich Unterbrechungen ganz unterbinden. Doch sollten Sie darauf hinwirken, dass Sie wenigstens zeitweilig ungestört sein können. Organisieren Sie Ihre Arbeit in möglichst viele „Blockzeiten". Und erledigen Sie alle Anrufe, die Sie selbst führen müssen, an einem Stück hintereinander. Ein solcher „Telefonblock" ist wesentlich effizienter, als alle Telefonate über den gesamten Arbeitstag zu verteilen.

5. Intelligente Planung spart Zeit

Zeitmanagement heißt vor allem Terminplanung. Wenn Sie Ihre Aktivitäten und Aufgaben sorgfältig planen, werden Sie Ihre Effizienz erhöhen, und zwar mit steigender Tendenz, denn Sie lernen sich und Ihren persönlichen Zeitbedarf für bestimmte Aufgaben immer besser kennen. Darüber hinaus wirkt es disziplinierend, wenn Sie wissen, dass Ihnen für eine bestimmte Aufgabe eine vorher definierte Zeitspanne zur Verfügung steht.

So sparen Sie im Arbeitsalltag Zeit

Intelligente Planung beginnt mit einfachen Tricks, die leicht unterschätzt werden, weil sie so „naheliegend" sind. Doch kommt es darauf an, sie auch wirklich konsequent umzusetzen. Das ist gar nicht so selbstverständlich, wie es den Anschein hat. In der Summe können Sie ohne großen Aufwand viel Zeit gewinnen.

Ein Terminplaner für alles

Sehr viele Führungskräfte haben mehrere Terminplaner: Einen im Computer, ein Timesystem-Ringbuch aus Leder, einen auf dem Schreibtisch ihrer Sekretärin, einen kleinen für unterwegs und/oder ein Smartphone, ebenfalls für unterwegs. Und nicht zu vergessen die hundert kleinen fliegenden Zettel, auf denen jene wichtigen Termine notiert sind, die nur noch übertragen werden müssen.

Ein solches Durcheinander sollten Sie unbedingt vermeiden. Es muss einen einzigen Terminplaner geben, der absolut verbindlich ist. Parallel können Sie auch die „Push"- und „Pull"-Dienste von Smartphones nutzen.

To-do- und Masterlisten

Nicht alle Aufgaben lassen sich auf bestimmte Termine verteilen. Für solche Zwecke gibt es die sogenannte „To-do"-Liste. Auf dieser schreiben Sie alles auf, was Sie erledigen wollen. Haben Sie eine Aufgabe erfüllt, streichen Sie diese durch. Die aktuelle „To-do"-Liste gehen Sie jeden Tag durch.

Für übergeordnete Ziele, langfristige Aufgaben oder geplante Projekte können Sie außerdem noch eine Masterliste führen. Sie dient Ihnen zur Orientierung („Was möchte ich erreichen?") und ist Ihnen bei der Planung neuer Termine von großem Nutzen.

Zeitmanagement als tägliche Routine

Die Wirksamkeit von Zeitmanagement zeigt sich erst, wenn es Ihnen sozusagen in Fleisch und Blut übergegangen ist. Gerade zu Anfang werden Sie vielleicht erleben, dass Ihr Zeitmanagement Sie mehr Zeit kostet, als Sie dadurch einsparen.

Doch diese Phase sollten Sie durchstehen und auch dabei bleiben. Zeitmanagement sollte zu Ihrer täglichen Routine werden. Wenn Sie nur zehn Minuten zu Anfang jedes Arbeitstages dem Zeitmanagement widmen, werden Sie schon einen spürbaren Effekt erzielen. Noch besser läuft die Planung, wenn Sie weitere zehn Minuten am Ende jedes Arbeitstages erübrigen.

Termincontrolling

Sie können die Effektivität Ihres Zeitmanagements erhöhen, wenn Sie nicht nur künftige Termine planen, sondern knapp protokollieren, wie Ihr Arbeitstag tatsächlich abgelaufen ist. Ist alles ganz anders gekommen als geplant? Hatten Sie für ein Mitarbeitergespräch 30 Minuten veranschlagt und waren nach zehn Minuten eigentlich durch? Oder haben Sie für eine Aufgabe viel länger gebraucht, als Sie dachten? Solche Informationen sind eminent wichtig. Sie helfen Ihnen, Ihre Planung in Zukunft zu verbessern. Natürlich läuft nicht jedes Mitarbeitergespräch gleich ab, aber Sie werden feststellen, dass Sie bei der Abschätzung Ihres Zeitbedarfs immer sicherer und genauer werden.

Mitarbeiter führen

Führen bedeutet, dass Sie Ihre Mitarbeiter entsprechend ihrer Fähigkeiten einsetzen. Dazu gehört auch, ihnen Aufgaben und somit im richtigen Maß Verantwortung zu übertragen. Das sorgt für Zufriedenheit und motiviert meist nachhaltiger als Sach- oder Geldleistungen.

Kompetenzmanagement

Als Führungskraft haben Sie dafür zu sorgen, dass die richtigen Leute die richtigen Dinge tun. Diese verantwortungsvolle Aufgabe wird an Bedeutung weiter zunehmen, denn der Gestaltungsspielraum wird in den meisten Organisationen größer. Dafür gibt es drei Gründe:

- Die Zahl der Aufgaben, bei denen die klassische Arbeitsteilung nicht mehr greift, nimmt stetig zu. Die Stellenbeschreibungen, die traditionellerweise festlegen, wer wofür zuständig ist, geben allenfalls einen Anhaltspunkt.
- Die Mitarbeiter verfügen über vielfältige „Skills", sie sind damit flexibler und vielfältiger einsetzbar.
- In vielen Bereichen hat die Bedeutung von freien Mitarbeitern, Kooperationspartnern oder selbstständigen Betriebseinheiten stark zugenommen. Sie müssen entscheiden, ob Sie eine bestimmte Leistung selbst erbringen oder auslagern wollen, und wenn Sie sie auslagern, wohin?

Sie entscheiden: Wer macht was?

Sie müssen die komplexe Aufgabe, für die Sie zuständig sind, auf Ihre Mitarbeiter oder externe Ressourcen verteilen. Ihr Gestaltungsspielraum wird dabei durch zwei Faktoren begrenzt: Funktion und Tradition.

Wer ist dafür zuständig?

Jeder Mitarbeiter in einer Organisation hat eine bestimmte Funktion, die für gewöhnlich in der Stellenbeschreibung zum Ausdruck kommt. Er muss über bestimmte Fertigkeiten verfügen und spezielle Kenntnisse besitzen.

Wer hat sich bereits bewährt?

Sobald ein Mitarbeiter irgendwann einmal eine bestimmte Aufgabe übernimmt, kann sich eine „Tradition" bilden. Ist später eine ähnliche Aufgabe zu übernehmen, so liegt es nahe, den bewährten Mitarbeiter damit zu beauftragen. In vielen Fällen wird er das auch erwarten und wäre enttäuscht, wenn er plötzlich übergangen würde.

Unterschätzen Sie Traditionen nicht. Wenn Sie einen anderen Mitarbeiter mit der Aufgabe betrauen, sollten Sie das demjenigen gegenüber, der sich zuständig fühlt, ansprechen und für Ausgleich sorgen.

Nicht immer ist der Kompetenteste die beste Wahl

Für eine Führungskraft ist es oft nicht einfach zu beurteilen, wer für eine bestimmte Aufgabe am kompetentesten ist. Aber auch wenn Sie das wissen, ist es nicht immer ratsam, die Aufgabe auch dem Kompetentesten zu übertragen, zum Beispiel in den folgenden Fällen:

- wenn Sie davon ausgehen können, dass sich der weniger erfahrene Mitarbeiter für die Aufgabe stärker engagiert als der „alte Hase",
- wenn sich der weniger routinierte Mitarbeiter zugunsten der gesamten Abteilung qualifizieren kann,
- wenn Sie den Kompetentesten für wichtigere Aufgaben brauchen.

Sofern Sie erwarten können, dass der weniger erfahrene Mitarbeiter in der Lage ist, die Aufgabe zu erfüllen, kann es ein geeignetes Mittel sein, Mitarbeiter wirklich zu motivieren: Übertragen Sie ihnen eine Aufgabe, bei der sie zeigen können, was sie zu leisten vermögen.

Sagen Sie präzise, was Sie erwarten

Manche Führungskräfte formulieren eher vage, was ihre Mitarbeiter leisten sollen. Sie wollen die Mitarbeiter nicht bevormunden. Als Führungskraft können Sie dagegen sehr wohl präzise angeben, was Ihre Mitarbeiter leisten sollen – ohne sie zu bevormunden. Vielmehr geben Sie ihnen die nötige Orientierung. Und genau das ist auch Ihre Aufgabe als Führungskraft. Es ist eine wichtige Fähigkeit, den Mitarbeitern angemessene Vorgaben zu machen – solche, die sie fordern, aber nicht überfordern.

Beispiel

„Wir haben im vergangenen Quartal in Norddeutschland 300 Kunden verloren", informiert der Geschäftsführer den Vertriebsleiter. „Ich erwarte von Ihnen Vorschläge, wie es uns gelingen kann, im kommenden Halbjahr ein Drittel davon zurückzugewinnen." – Das ist eine präzise Aufgabenstellung, und doch bleibt es dem Angesprochenen überlassen, wie er das Problem löst. Sollte sich herausstellen, dass die Aufgabe unrealistisch war, so kann der Vertriebsleiter dies thematisieren. Die Aussprache darüber ist für die Beteiligten (und das Unternehmen) weit hilfreicher, als wenn die Erwartungen im Dunkeln bleiben.

Womit beschäftigen sich Ihre besten Mitarbeiter?

Ein verbreiteter Managementfehler: Die besten Mitarbeiter übernehmen die meisten Aufgaben, wichtige und weniger wichtige. Diese Aufgaben werden ihnen übertragen, weil man ja sicher sein kann, dass dann die Sache ordentlich erledigt wird. Das Problem ist nur: Je mehr Aufgaben ein Mitarbeiter übernimmt, umso stärker muss er seine Energie aufteilen. Das hat ungünstige Folgen:

- Die Leistungen Ihrer besten Mitarbeiter verschlechtern sich. Vor allem die wirklich wichtigen Aufgaben können nicht mehr optimal erfüllt werden.
- Es sind ausgerechnet Ihre besten Mitarbeiter, die Sie belasten oder sogar überlasten. Geschieht dies über einen längeren Zeitraum hinweg, ist Verschleiß die unvermeidliche Folge.
- Weniger qualifizierte Mitarbeiter werden kaum gefordert, haben keine Möglichkeit, sich zu qualifizieren, fühlen sich demotiviert und fallen gegenüber den Leistungsträgern weiter zurück.

Entlasten Sie die Besten, fordern Sie die anderen

Erfahrene Führungskräfte wissen, dass sie gerade ihren besten Mitarbeitern den Rücken freihalten müssen. Sie profitieren am stärksten, wenn sich die besten Mitarbeiter konzentriert um die wichtigsten Aufgaben kümmern können. Unter Umständen müssen Sie sogar aktiv verhindern, dass sich ein „High Performer" für alle möglichen Zwecke einspannen lässt. Geben Sie lieber einmal Mitarbeitern aus der zweiten Reihe die Chance, sich auszuzeichnen und sich weiterzuqualifizieren.

Richtig delegieren

Als Führungskraft können Sie kaum darauf verzichten, Aufgaben zu delegieren, also auf Ihre Mitarbeiter zu übertragen. Dabei übernehmen Ihre Mitarbeiter einen Teil der Verantwortung und bekommen eine gewisse Handlungsvollmacht. Delegieren ist ein wichtiger Teilbereich des Kompetenzmanagements, der im Wesentlichen zwei Vorteile bietet:

- Delegieren entlastet die Führungskraft. Was Sie delegieren, müssen Sie nicht selbst erledigen.
- Delegieren stärkt die Eigenverantwortung der Mitarbeiter und hat eine motivierende Wirkung.

Demotivation by Delegation

Allerdings verkehren sich beide Argumente in ihr Gegenteil, wenn nicht richtig delegiert wird. Typische Fehler sind zum Beispiel:

- Der Mitarbeiter wird nicht richtig oder nicht vollständig informiert.
- Der Mitarbeiter bekommt nicht die erforderlichen Ressourcen oder Vollmachten.
- Der Mitarbeiter verfügt nicht über die nötige Kompetenz, die Aufgabe in eigener Verantwortung zu übernehmen.
- Der Vorgesetzte übt zu große Kontrolle aus.
- Die Aufgabe ist unangenehm oder sinnlos.

Unangenehme Aufgaben lassen sich nicht immer vermeiden, das wissen auch Ihre Mitarbeiter. Doch sollten Sie ihnen dann wenigstens nicht vormachen, die Sache sei ungemein reizvoll. Auch wirkt es sich demotivierend aus, wenn Sie die Unannehmlichkeiten prinzipiell auf Ihre Mitarbeiter abwälzen, während Sie selbst ausschließlich die interessanten Aufgaben übernehmen.

Nicht weniger nachteilig ist es, einen Mitarbeiter mit einer Aufgabe zu beauftragen, die Sie noch gar nicht durchdacht haben, denn es gibt wenige Dinge, die einen Mitarbeiter so stark demotivieren wie eine Aufgabe, die sich als sinnlos erweist.

Beispiel

Der Geschäftsführer bekommt das Angebot einer Agentur unterbreitet, für die Firma eine Kundenzeitschrift zu erstellen. Er gibt das Angebot an den Leiter der Öffentlichkeitsarbeit zur Prüfung weiter. Der tut das gewissenhaft, da er davon ausgeht, dass eine Kundenzeitschrift etabliert werden soll. Er erarbeitet an zwei Nachmittagen eine detaillierte Stellungnahme zum Angebot – mit Verbesserungsvorschlägen. Daraufhin erklärt der Geschäftsführer, eine solche Zeitschrift käme für das Unternehmen ohnehin nicht infrage.

Der Schreibtisch Ihrer Mitarbeiter ist nicht der Ersatz für Ihren Papierkorb. Bevor Sie delegieren, sollten Sie sich Klarheit darüber verschaffen, ob die Aufgabe auch tatsächlich erledigt werden muss.

Was sollten Sie delegieren?

Ideal zum Delegieren eignen sich abgrenzbare Aufgaben, für die der betreffende Mitarbeiter kompetent ist – oder rasch kompetent gemacht werden kann. Sie sollten nur Aufgaben delegieren, für die Sie den Mitarbeiter mit allen erforderlichen Ressourcen (einschließlich der Zeit!) ausstatten können. Außerdem braucht er – für die Dauer der Aufgabe – entsprechende Handlungskompetenzen. Schließlich sollte jede Aufgabe begrenzt sein und mit einem erkennbaren Ergebnis abschließen.

An wen sollten Sie delegieren?

Überlegen Sie vorher, welche Fähigkeiten Ihr Mitarbeiter braucht, um die Aufgabe zu bewältigen. Dazu zählen bestimmte Fertigkeiten und Fachkenntnisse, auch Erfahrung und persönliche Kontakte können eine Rolle spielen. Vor allem aber sollte Ihr Mitarbeiter in der Lage sein, selbstständig zu arbeiten.

> Achten Sie darauf, dass Ihr Mitarbeiter genügend zeitliche Kapazität zur Verfügung hat und nicht von anderen Aufgaben in Anspruch genommen wird. Bauen Sie unerfahrene Mitarbeiter auf, indem Sie zunächst kleine Aufgaben an sie delegieren.

Das Briefing

Am Anfang steht das Informationsgespräch, das „Briefing", das seinen Namen vom englischen „brief" hat: kurz und knapp. Doch sollten Sie es mit der Kürze nicht übertreiben, wie es leider allzu häufig geschieht. Ihr Mitarbeiter braucht alle nötigen Informationen. Sie müssen ihn auf den aktuellen Kenntnisstand bringen, auch wenn Ihnen das vielleicht mühsam erscheint.

Darüber hinaus muss der Mitarbeiter präzise wissen, was Sie erwarten und bis wann. Auch wenn Sie etwas unbedingt vermeiden wollen, muss das Ihr Mitarbeiter erfahren, denn Gedanken lesen kann er nicht.

Ein dritter Punkt ist gerade am Anfang wichtig: Es sollte eine Art „Notausstieg" geben, der Mitarbeiter sollte wissen, wohin er sich wenden kann, wenn Schwierigkeiten auftauchen und er Hilfe braucht.

Unerfahrene Mitarbeiter sorgfältig briefen

Bei unerfahrenen Mitarbeitern müssen Sie besonders darauf achten, dass Ihr Auftrag auch wirklich verstanden wurde. Gerade wenn Sie es sonst meist mit langjährigen Mitarbeitern zu tun haben, sollten Sie nicht annehmen, jeder wüsste schon, was Sie meinen. Erklären Sie lieber zu viel als zu wenig.

Lohnt sich der Aufwand?

Anfangs ist es etwas aufwendig, die Mitarbeiter zu briefen, vor allem richtig zu briefen. „Bevor ich dem das alles erklärt habe, mache ich es lieber selbst", finden manche Führungskräfte. Doch das ist zu kurzfristig gedacht. Wenn Sie erst einmal Erfahrung im Delegieren haben, fällt Ihnen das Briefing leichter.

Kontrolle muss sein

Delegieren bedeutet nicht, dass Sie nach dem Prinzip verfahren „aus den Augen, aus dem Sinn". Von Anfang an muss klar sein, dass Sie zumindest das Endergebnis überprüfen werden. Bei unerfahrenen oder neuen Mitarbeitern lohnt es auch, schon mal einen Blick zwischendurch zu riskieren, ob alles gut läuft.

Überhaupt ist es ratsam zu vereinbaren, dass Sie Ihr Mitarbeiter informiert, sobald es ernsthafte Schwierigkeiten gibt und/oder die Aufgabe nicht so zu Ende geführt werden kann, wie ursprünglich vorgesehen. Auf der anderen Seite muss klar sein, dass Sie nicht mit jeder Lappalie behelligt werden wollen. Gerade unerfahrene Mitarbeiter neigen dazu, sich übertrieben oft rückzuversichern, um ja keinen Fehler zu machen. Sprechen Sie es gleich zu Beginn an, ab wann Sie informiert werden möchten.

Checkliste: Richtig delegieren

1. Welche Aufgabe möchten Sie delegieren?

2. Was soll damit erreicht werden?

3. Welche Fähigkeiten/Fachkenntnisse sind erforderlich?

4. Welche Ressourcen und Vollmachten werden gebraucht?

5. Bis wann soll die Aufgabe abgeschlossen sein?

6. Was geschieht, wenn die Aufgabe nicht erfolgreich abgeschlossen wird?

7. Was geschieht, wenn zeitliche/finanzielle Limits überschritten werden?

8. Wenn Probleme auftreten, wer soll informiert werden?

9. Ist derjenige erreichbar?

10. Welche Hilfe, Unterstützung ist möglich?

11. Ab wann möchten Sie informiert werden?

12. Ist zwischenzeitliche Kontrolle erforderlich?

13. Welches Ergebnis erwarten Sie am Ende?

14. Welche Konsequenzen ergeben sich für den Mitarbeiter (im Erfolgsfall/wenn das Ziel verfehlt wurde)?

Führen mit Zielvereinbarungen

Nach den bisher vorgestellten Managementtechniken ist es eine Ihrer zentralen Aufgaben als Führungskraft, Ihren Mitarbeitern Ziele zu setzen, und zwar die richtigen. Das Führen mit Zielvereinbarungen, das „Management by objectives", kehrt dieses Prinzip um – wenigstens in der Theorie. Danach werden Ziele nicht mehr „von oben" vorgeschrieben, sondern zwischen Mitarbeiter und Führungskraft ausgehandelt und gemeinsam festgelegt.

> „Management by objectives" funktioniert nur, wenn den Mitarbeitern eine ausgeprägte Eigenverantwortung zugestanden wird. Ansonsten handelt es sich um eine Mogelpackung, die von den Mitarbeitern schnell durchschaut wird.

Die Vorteile dieses Konzepts liegen auf der Hand:

- Gemeinsam vereinbarte Ziele sind verbindlicher: Wer an der Festlegung seiner Ziele beteiligt ist, fühlt sich stärker an sie gebunden. Er trägt eine höhere Verantwortung, sie zu erreichen, als wenn sie ihm vorgegeben werden.
- Eng damit verknüpft ist der zweite Vorteil: Gemeinsam vereinbarte Ziele sind motivierender. Es ist für den Mitarbeiter lohnender, Ziele zu verfolgen, die er sich selbst gesetzt oder die er zumindest ausgehandelt hat.
- Gemeinsam vereinbarte Ziele sind spezifischer. Der Mitarbeiter kann durch Zielvereinbarungen seine Stärken zur Geltung bringen. Er kann darauf hinwirken, dass ihm Ziele gesetzt werden, die seiner Person und seinen Fähigkeiten gerecht werden.

Zielvereinbarung als Leistungsversprechen

In der Praxis werden die Zielvereinbarungen oft als eine Art Leistungsversprechen gehandhabt. Der Mitarbeiter erklärt sich bereit, diese oder jene Zusatzleistung zu erbringen oder seine Ergebnisse vom Vorjahr um einen bestimmten Prozentsatz zu übertreffen. Das hat mit dem ursprünglichen Grundgedanken nicht mehr viel zu tun.

- Es handelt sich kaum noch um eine „Vereinbarung" von Zielen. Vielmehr gibt die Führungskraft bestimmte Leistungsmargen vor, die es zu erreichen gilt. Solche Zielvereinbarungen erhöhen nicht die Eigenverantwortung, sondern lediglich den Leistungsdruck.
- Ein gutes Ergebnis hat für den Mitarbeiter vor allem eine Folge: Im nächsten Jahr muss er sich noch stärker „reinhängen", um die Zielmarge zu übertreffen. Auch wenn das mit entsprechenden Zulagen honoriert wird, ändert es nichts an dieser fatalen Eigendynamik.

Welche Ziele sollten Sie vereinbaren?

Es gibt zwei Arten von Zielen, über die Sie mit Ihren Mitarbeitern eine Vereinbarung abschließen können:

- Sonderaufgaben, besondere Projekte, eigene Arbeitsschwerpunkte jenseits des Tagesgeschäfts,
- Zielvorgaben für bestimmte Leistungen, zum Beispiel Zahl der akquirierten Neukunden, der bearbeiteten Reklamationen, Ziele, die den Schwerpunkt der Arbeit für die nächste Zeit markieren. (Dies geschieht meist in Form von Jahreszielen.)

Welche Art von Ziel sinnvoller ist, ergibt sich aus der Art der Tätigkeit Ihres Mitarbeiters. Hilft es Ihrer Organisation, wenn sich Ihr Mitarbeiter eigenverantwortlich bestimmte Aufgaben vornimmt, die nicht in seinem Arbeitsvertrag stehen? Oder wirkt sich das eher negativ aus, weil solche Tätigkeiten gar nicht erforderlich sind und ihn nur von seiner „eigentlichen" Arbeit abhalten?

Es geht nicht darum, mit Ihrem Mitarbeiter irgendwelche beliebigen Ziele abzusprechen, mit denen er sich selbst verwirklichen kann. Vielmehr müssen die Ziele Ihrer Mitarbeiter zu den Zielen der Organisation passen.

Beispiel

Es hilft wenig, wenn sich ein Marketingmitarbeiter einer Handyfirma zum Ziel setzt, Senioren als Zielgruppe anzusprechen, wenn das wichtigste Unternehmensziel lautet, bei Jugendlichen unter 25 Jahren Marktführer zu werden.

Die Zielhierarchie

Idealerweise gibt es eine stimmige Hierarchie von Zielen: an der Spitze die Ziele der Organisation, darunter die Abteilungsziele, Ihre Ziele als Führungskraft und schließlich die Ziele des Mitarbeiters. Die unteren Ziele sind die perfekte Konkretisierung der oberen. In der Praxis kommt eine solche Harmonie kaum vor. Und doch muss es darum gehen, die Ziele Ihrer Mitarbeiter auf die übergeordneten Ziele abzustimmen. Dafür können Sie in aller Regel Verständnis erwarten.

Diese Abstimmung kann nur gelingen, wenn der Mitarbeiter die übergeordneten Ziele kennt. Fordern Sie ihn auf zu überlegen, wie er am wirksamsten dazu beitragen kann, dass diese Ziele erreicht werden.

Darüber hinaus sollten Sie auch die Ziele der anderen Mitarbeiter im Auge behalten. Nehmen sich zwei das Gleiche vor, könnten sie sich in die Quere kommen. Gibt es Ziele, die einander widersprechen, sind Konflikte vorprogrammiert.

Die Ziele müssen konkret sein

Ungenaue Angaben oder bloße Absichtserklärungen helfen gar nichts: „Die Pressearbeit muss verstärkt werden." – Inwiefern? Wie äußert sich das? Was soll geschehen? Denken Sie an Ihre eigenen Ziele: Sie müssen messbar sein.

Die Ziele müssen fordernd sein

Die Grundfrage an Ihren Mitarbeiter lautet: Was will er erreichen? Ein Ziel, das Ihr Mitarbeiter ohnehin erreicht, brauchen Sie auch nicht zu vereinbaren. Ebenso wenig haben Aufgaben aus dem normalen Tagesgeschäft etwas in den Zielvereinbarungen zu suchen.

Die Ziele müssen erreichbar sein

Erreichbarkeit ist im doppelten Sinne erforderlich: Einmal muss klar sein, wann das Ziel als erreicht gilt (und wann als verfehlt); zum Zweiten darf das Ziel die Fähigkeiten des Mitarbeiters auf keinen Fall überfordern. Bleibt er allzu weit hinter dem Ziel zurück, wirkt das demotivierend – und er traut sich künftig weniger zu.

Die Ziele müssen persönlich sein

Stellen Sie die besonderen Stärken, Interessen und Vorlieben des Mitarbeiters in den Vordergrund. Es sind seine Ziele, die hier vereinbart werden. Soll er sich für sie wirklich verantwortlich fühlen, müssen Sie sein persönliches Profil berücksichtigen.

Beschränken Sie sich auf das Wesentliche

Wenige, aber wichtige Ziele zu vereinbaren, ist weit wirkungsvoller als viele, die nur dazu führen, dass Ihre Mitarbeiter sich verzetteln. Damit Ziele verbindlich sind, sollten Sie sie schriftlich fixieren. Sorgen Sie dafür, dass auch Ihr Mitarbeiter seine Zielvereinbarung schriftlich bekommt.

Wenn sich Mitarbeiter falsch einschätzen

Manche Mitarbeiter schrecken davor zurück, ein anspruchsvolles Ziel zu vereinbaren, nicht weil sie es nicht erreichen könnten, sondern weil sie ihre Fähigkeiten unterschätzen. Dann sollten Sie als Führungskraft deutlich machen, dass Sie ihnen diese Leistung sehr wohl zutrauen. Aber drängen Sie Ihren Mitarbeitern die hochgesteckten Ziele nicht auf.

> Fixieren Sie die Ziele so, dass der Mitarbeiter wirklich einverstanden ist. Liegen sie Ihnen zu niedrig, können Sie den Mitarbeiter mehr oder minder dezent anspornen: „Ich bin sicher, Sie können mehr erreichen. Lassen Sie uns in einem Jahr überprüfen, ob ich Recht behalten habe."

Auf der anderen Seite überschätzen manche auch ihre Leistungsfähigkeit. Manche Führungskräfte bestärken sie noch darin, in der Überzeugung, wer sich zu viel vornimmt, werde immerhin noch sehr viel leisten. Doch das ist ein Irrtum. Wer seine Kräfte überfordert, leistet nicht mehr, sondern weniger. Achten Sie vor allem darauf, dass sich Ihre Mitarbeiter nicht zu viele Ziele gleichzeitig vornehmen.

Ergebnis überprüfen

Ziele sollten immer für einen bestimmten Zeitraum vereinbart werden. Dann muss überprüft werden, ob sie erreicht worden sind. Findet keine zeitnahe Überprüfung statt, verliert das ganze Verfahren seinen Sinn. Weshalb sollte sich der Mitarbeiter überhaupt für seine Ziele engagieren, wenn sich sein Vorgesetzter nicht um die Ergebnisse kümmert?

Nicht abhaken, sondern analysieren

Besprechen Sie die Ergebnisse gemeinsam. Analysieren Sie, wie es dazu gekommen ist. Das gilt auch, wenn das betreffende Ziel erreicht oder sogar deutlich übertroffen wurde. Haken Sie das nicht vorschnell als „erledigt" ab, sondern gehen Sie den Ursachen nach. Vielleicht waren die Umstände günstiger als erwartet, vielleicht hat Ihr Mitarbeiter einen unerwarteten Glückstreffer gelandet, vielleicht aber verfügt er über unerkannte Stärken, die er künftig ausbauen kann.

Ziel nicht erreicht – und nun?

Wenn Ziele verfehlt werden, so kann das die unterschiedlichsten Ursachen haben – und genau darum geht es. Die Ursachen für das Scheitern gilt es nüchtern zu analysieren: Haben sich die Umstände geändert? War das Ziel zu hochgesteckt? Hat der Mitarbeiter seine Prioritäten anders gesetzt? Hat er zu wenig Unterstützung bekommen? Mangelt es ihm an Kompetenz oder an Engagement? Sind unerwartet Probleme aufgetaucht? War die Zeit zu knapp?

Bei der Analyse steht die Frage im Vordergrund, was daraus für die Zukunft zu folgern ist. Vermeiden Sie eine vergangenheitsorientierte Aufarbeitung, unterbinden Sie wenig hilfreiche Schuldzuweisungen. Überlegen Sie gemeinsam, was zu tun ist. Zum Beispiel:

- Braucht der Mitarbeiter zusätzliche Qualifikationen? Wie kann er sie erwerben? Braucht er eine Fortbildung?
- Kann die Zusammenarbeit mit anderen verbessert werden? Welche Maßnahmen sind erforderlich?
- Braucht der Mitarbeiter zusätzliche Ressourcen? Wie sind sie zu beschaffen?
- Müssen die neuen Ziele entsprechend nach unten korrigiert werden?
- Kann das Ziel zu einem späteren Zeitpunkt erreicht werden? Wie?
- Ist es sinnvoll, den Mitarbeiter von anderen Pflichten freizustellen, damit er das Ziel erreicht?

Ziel erfüllt? – Prämie winkt

Häufig werden die Zielvereinbarungen mit einem Prämiensystem verbunden. Das hat den Vorteil, dass sich der höhere Aufwand für den Mitarbeiter unmittelbar rechtfertigen lässt. Zugleich verschiebt sich aber das Konzept. Es geht nunmehr um die Honorierung von außergewöhnlichen Leistungen oder Zusatzleistungen. Außerdem muss darauf hingewiesen werden, dass ein solches Prämiensystem in der Praxis häufig sehr kompliziert ist, wenn es gerecht sein soll.

Mythos Motivation?

Nach einem Boom in den 1980er- und 1990er-Jahren ist das Motivieren („Management by motivation") ein wenig in Verruf geraten. Nicht zu Unrecht, verbirgt sich doch hinter dem Gerede von der Motivation nicht selten der Wunsch nach Manipulation. Oder die Motivation kommt als eine Art Showveranstaltung daher, um die Mitarbeiter zu „begeistern".

Dennoch ist wohlverstandenes Motivieren durchaus eine lohnende Managementaufgabe. Es wäre leichtfertig, sich gänzlich davon zu verabschieden.

Das richtige Motiv zum Handeln

Was bedeutet Motivation? – Wenn Menschen eine bestimmte Leistung erbringen, so tun sie dies in der Regel nicht grundlos. Für ihr Handeln gibt es ein Motiv, zum Beispiel wollen sie sich Anerkennung erwerben oder belohnt werden. Sie sind also motiviert, eine bestimmte Leistung zu erbringen.

Kann man jemanden motivieren?

Wenn man davon spricht, jemanden zu motivieren, so ist damit gemeint, dass man ihm ein Motiv gibt oder ein vorhandenes Motiv verstärkt. Ein Motiv kann man niemandem aufzwingen oder unterschieben (das wäre Manipulation). Nur wenn der andere Ihr Angebot tatsächlich zu seinem Motiv macht, hat Ihre Motivation Erfolg.

> Die Motive werden von denen bestimmt, die motiviert werden sollen, nicht von dem, der motiviert.

Motivation von außen oder aus der Sache selbst

Die Motivationspsychologie unterscheidet zwei Arten von Motivation:

* die extrinsische Motivation, bei der ein Anreiz von außen kommt, eine Belohnung, die dazu führen soll, dass eine bestimmte Leistung erbracht wird,
* die intrinsische Motivation, bei der das Motiv in der Leistungserbringung selbst liegt.

43

Wenn Sie extrinsisch motivieren, belohnen Sie Leistung zum Beispiel durch Geld-prämien oder Sie drohen bei Nichterfüllung eine Strafe an (etwa Versetzung, Lohn-kürzung).

Wenn Sie intrinsisch motivieren, dann gestalten Sie die Aufgabe selbst so interes-sant, dass der Mitarbeiter von sich aus bestrebt ist, sie zu lösen.

Belohnungen können schaden

In zahlreichen Studien hat sich gezeigt, dass nur die intrinsische Motivation geeig-net ist, dauerhaft zu wirken und dass Motivation von außen die Motivation, die in der Aufgabe selbst liegt, keineswegs verstärkt, sondern vielmehr sogar zerstören kann.

Hohe Belohnungen wirken kontraproduktiv, denn sie lenken die Aufmerksamkeit weg von der Leistung hin zur Belohnung. Dieses Phänomen nennt man das Prob-lem der „Überrechtfertigung". Wenn ein Mitarbeiter für eine Aktivität, die er frei-willig ausgeführt hätte, eine Belohnung erhält, verschiebt sich seine Bewertung. Er erfüllt die Aufgabe um der Belohnung willen und ist oftmals nicht mehr bereit, die Leistung zu erbringen, wenn die Belohnung wegfällt.

Warum Prämiensysteme schwer zu reformieren sind

Sind Prämien erst einmal eingeführt, ist es riskant, sie zurückzufahren. Denn jede Minderung wird als Bestrafung empfunden und führt unmittelbar zur Demotivati-on. Nachbesserungen können auf diese Weise ein unzulängliches Prämiensystem vollends ruinieren.

Beispiel

In einer Spielwarenfabrik erhöhte sich die Arbeitsleistung schlagartig. Der Grund: Die Ar-beiterinnen hatten vorgeschlagen, die Geschwindigkeit des Fließbands selbst bestimmen zu können. Dadurch waren sie wesentlich zufriedener mit ihrer Arbeit (intrinsisch moti-viert). Ihre Leistung lag um bis zu 50 % über dem ursprünglich angepeilten Wert.

Dank einer Prämienregelung (extrinsische Motivation) verdienten sie schließlich mehr als Facharbeiter aus anderen Abteilungen. Das sorgte für heftige Konflikte. Die Betriebsfüh-rung sah sich gezwungen, einen Teil der Prämie zu streichen. Daraufhin sackte die Pro-duktivität schlagartig ab. Als dann wegen der wachsenden Spannungen die alten Verhält-nisse wieder hergestellt werden mussten, kündigten fast alle Arbeiterinnen.

Nur „angemessene" Belohnungen motivieren

Nun können Prämien durchaus auch die Motivation verstärken. Nämlich dann, wenn sie als angemessen empfunden werden. Es wäre also nicht sehr hilfreich, auf Belohnungen und „Leistungsanreize" ganz zu verzichten, zumal wenn sich der Ein-druck einstellen könnte, dass der Mitarbeiter unterbezahlt wird und sich seine hö-here Leistung „nicht lohnt".

Wie Sie wirklich motivieren

Im Vordergrund müssen die Motive Ihrer Mitarbeiter stehen. Und die sind sehr individuell. Ganz allgemein aber sollten Sie als Führungskraft dafür sorgen, dass die Mitarbeiter ihre Leistungen als sinnvoll erleben können, zum Beispiel durch die folgenden Maßnahmen:

- Übertragen Sie Ihren Mitarbeitern interessante Aufgaben, bei denen sie ihre Kompetenz ausspielen können.
- Erkennen Sie echte Leistung an und üben Sie sachliche Kritik. Durch übertriebenes Lob entwerten Sie Ihr Urteil.
- Geben Sie Ihren Mitarbeitern Gelegenheit, sich fortzubilden und neue Kompetenzen zu erwerben.
- Überlassen Sie es Ihren Mitarbeitern, auf welche Art sie ihre Aufgabe lösen. Für Sie zählt einzig das Ergebnis.
- Geben Sie Ihren Mitarbeitern das Gefühl wirksam zu sein. Informieren Sie sie über die Folgen ihrer Arbeit.

Motivator Nummer 1: Demotivation vermeiden

Vielleicht die zuverlässigste Methode, Mitarbeiter zu motivieren, besteht schlicht darin, sie nicht zu demotivieren. Minimieren Sie negative Einflüsse wie rigide Kontrolle, eintönige, sinnlose Tätigkeit, starken Konkurrenzdruck und geringe Wirksamkeit. Wenn Mitarbeiter erleben, dass ihre Leistung irgendwo im Unternehmen versandet, fühlen sie sich kaum zu einem besonderen Engagement angestachelt.

Nicht jeder Mitarbeiter will motiviert werden. Manche wollen einfach ihren Job tun und im Übrigen in Ruhe gelassen werden. Auch das gilt es zu respektieren.

Checkliste: Motivierende Arbeitsgestaltung ✓

- Ist die Tätigkeit des Mitarbeiters abwechslungsreich? ☐
- Werden unterschiedliche Kompetenzen verlangt? ☐
- Lässt sich die Aufgabe als sinnvolles Ganzes begreifen? ☐
- Hat die Tätigkeit des Mitarbeiters einen Sinn, einen Nutzen für andere? Kennt er ihn genau? ☐
- Verfügt der Mitarbeiter über Entscheidungskompetenzen? ☐
- Ist die Tätigkeit weitgehend selbstbestimmt? ☐
- Bekommt der Mitarbeiter Informationen über die Ergebnisse seiner Arbeit? ☐
- Kann der Mitarbeiter Dinge ausprobieren? Wird er zum Experimentieren ermutigt? ☐

Je mehr Fragen aus dieser Checkliste mit „Ja" beantwortet werden können, desto motivierender ist das Tätigkeitsfeld eines Mitarbeiters. Umgekehrt können Sie die Fragen der Checkliste nutzen, wenn Sie nach Möglichkeiten suchen, für Ihre Mitarbeiter motivierendere Rahmenbedingungen zu schaffen.

Informationsmanagement

Erfolgreiche Führungskräfte müssen mehr denn je in der Lage sein, Informationen zu managen: zu sammeln, zu verteilen und zu verstehen. Dabei spielt neben dem Informationsmanagement auch das Wissensmanagement eine bedeutende Rolle.

Schlüsselressource Information

Nach traditionellem Verständnis verfügt jedes Unternehmen über vier Ressourcen: Menschen, Maschinen, Material und Geld. Diese klassischen Ressourcen sind nach wie vor wichtig. Und doch haben sie in den vergangenen Jahren erheblich an Bedeutung eingebüßt gegenüber der fünften Ressource, der Information. Für sie gelten einige Besonderheiten:

- Information wird nicht „verbraucht". Auch wenn sie weitergegeben wird, steht sie noch immer zur Verfügung.
- Information kann unbegrenzt vervielfältigt und zu geringen Kosten übertragen werden.
- Die Menge der Information erhöht nicht etwa ihren Wert, sondern kann ihn sogar schmälern.
- Der Wert einer Information kann sich innerhalb kürzester Zeit dramatisch verändern.

Steuern und regeln

Sehr allgemein gesprochen lassen sich mit Informationen Prozesse steuern und regeln. Das funktioniert ähnlich dem Regelkreis eines Thermostats: Sobald die Information eingeht, dass die Temperatur unter einen bestimmten Wert gefallen ist, wird die Wärmezufuhr verstärkt. Sie wird wieder gedrosselt, sobald die Information eingeht, dass es ausreichend warm ist.

In einer Organisation sind die Zusammenhänge natürlich wesentlich komplizierter und doch ist das Grundprinzip gleich: Informationen bewirken etwas, sie setzen etwas in Gang. Und der „Regelkreis" sollte sich schließen, die Information muss zurückfließen. Es muss erkennbar sein, welche Auswirkungen der Eingriff hat.

Der Rohstoff für Entscheidungen

Wer entscheidet, braucht Informationen, denn sie bilden den Rohstoff für Entscheidungen. Wo verlässliche Informationen fehlen, wird Entscheiden zur Glückssache. Für Sie ergeben sich daraus drei Konsequenzen:

- Wenn Sie die Qualität der Informationen verbessern, schaffen Sie die Grundlage für bessere Entscheidungen.
- Informationen müssen dorthin gelangen, wo entschieden wird.
- Eine Information, die für eine konkrete Entscheidung nicht relevant ist, wird nicht benötigt.

Daten sind (noch) keine Information

In vielen Organisationen werden nicht Informationen, sondern Daten gemanagt. Eine folgenschwere Verwechslung, denn die reinen Daten sagen noch gar nichts aus, sie müssen interpretiert werden. Erst dadurch wird aus einer Datenmenge eine Information.

So werden reine Zahlenangaben über akquirierte Kunden, Fehltage, Cashflow pro Mitarbeiter erst zu einer Information, wenn sie eine konkrete Bedeutung annehmen. Zum Beispiel wenn eine bestimmte Anzahl von Fehltagen als „besorgniserregend" erscheint.

Das Informationsdilemma

Unser Wissen veraltet rasch, die Innovationszyklen werden immer kürzer, der Informationsbedarf für Führungskräfte hat gewaltig zugenommen. Sie müssen immer mehr Informationen aufnehmen, um wesentliche Dinge nicht zu übersehen. Doch gibt es eine kritische Grenze, bei der sich Ihre Entscheidungen verschlechtern, wenn Sie noch mehr Informationen aufnehmen. Dafür gibt es zwei Gründe:

- Für jede Entscheidung steht Ihnen nur eine begrenzte Zeitspanne zur Verfügung. Je mehr Informationen Sie berücksichtigen wollen, desto weniger Zeit haben Sie, um sie aufzunehmen und zu verstehen.
- Das „Gesamtbild" ist immer schwerer zu durchschauen. Es lässt sich keine klare Tendenz erkennen. Tatsächlich kann ein Zuviel an Informationen entscheidungsunfähig machen.

Informationen managen

Das angesprochene Dilemma lässt sich durch effektives Informationsmanagement zwar nicht abschaffen, aber doch beträchtlich mildern. Dabei geht es insbesondere um die folgenden Aufgaben:

- Die Sammlung von Information: Welche Informationen sollen überhaupt erfasst werden? Und wie?
- Die Verteilung von Information: Wie gelangen Informationen zu denen, die sie brauchen?
- Das Verständnis von Information: Wie müssen Informationen aufbereitet werden, damit sie von den Adressaten verstanden werden?

Informationen sammeln

Die erste Frage, die Sie klären müssen: Welche Informationen brauchen Sie überhaupt? Mit welchem Fundus von Informationen arbeiten Sie? In vielen Organisationen wird eine Unmenge von Daten und Informationen erfasst, die niemand braucht, weil definitiv niemand diese Informationen zur Grundlage seiner Entscheidungen macht.

Ermitteln Sie Ihren Informationsbedarf

Ziel der Überprüfung ist es, die Anzahl der Informationen zu begrenzen und herauszufinden, welche Informationen Sie wirklich benötigen. Das ist keine leichte Aufgabe, doch sie lohnt sich. Denn unter Umständen zeigt sich, dass Sie andere Informationen brauchen, als die, die Sie bekommen.

Sie sollten wissen, was Sie nicht wissen müssen

Nutzlose Informationen verursachen gleich mehrfach vermeidbare Kosten: bei ihrer Erfassung, ihrer Verteilung, ihrer Aufbereitung und auch dadurch, dass Sie Zeit verlieren, wenn Sie solche Informationen zur Kenntnis nehmen.

Laufende und bedarfsabhängige Information

Es gibt Informationen, die Sie laufend benötigen. Dazu zählen vor allem interne Informationen, die direkt mit Ihrem Geschäftsbereich zu tun haben. Sie müssen wissen, was in Ihrem Bereich geschieht und welche Auswirkungen Ihre Entscheidungen haben.

Manche Informationen dagegen benötigen Sie nur selten. Dennoch können gerade dies äußerst wichtige Informationen sein, die Sie für Ihre Entscheidungen unbedingt brauchen, zum Beispiel Rechtsinformationen oder Informationen über einen bestimmten lokalen Markt, den Sie bearbeiten wollen. Hier müssen Sie entscheiden, ob es erforderlich ist, solche Informationen intern bereitzuhalten, oder ob sie im Bedarfsfall von außen eingekauft werden können.

Welche Informationen sollten Sie zur Verfügung haben?

* Alle Daten über das eigene Unternehmen (die eigene Organisation). Achten Sie auf lückenlose Dokumentation und schnelle Auffindbarkeit.
* Informationen, bei denen Know-how im Unternehmen genutzt werden kann.
* Informationen, auf die häufig zurückgegriffen wird.
* Sensible Informationen wie Rechtsauskünfte, eigene Konkurrenzbeobachtung oder Marktstudien.

Immer an das Ganze denken

Informationsmanagement lässt sich nicht losgelöst von der gesamten Organisation denken. So ist zum einen darauf zu achten, dass gleichartige Information durchgängig auf gleiche Weise erfasst wird. Sonst gefährden Sie die Vergleichbarkeit und damit auch die Aussagekraft Ihrer Informationen. Zum anderen empfiehlt es sich, alle fünf Dimensionen zu berücksichtigen, in denen sich ein Unternehmen bewegt.

1. Dimension: die Organisation. Interne Informationen über die Ertragslage, die Mitarbeiter, die Produktivität, die Produktqualität; Archiv, Dokumentation über Regeln und Verfahren.

2. Dimension: Lieferanten, externe Mitarbeiter, Zuverlässigkeit, Preise, Qualität, Verfügbarkeit.

3. Dimension: Kunden. Wer sind Ihre Kunden? Was sind ihre Anforderungen? Kaufmotive? Zufriedenheit?

4. Dimension: Markt. Informationen über Ihre Wettbewerber und deren Kunden. Kommt ein neues Produkt auf den Markt? Worauf legen Kunden Wert, die nicht bei Ihnen kaufen?

5. Dimension: das wirtschaftliche, gesellschaftliche Umfeld. Gesetzliche Änderungen? Trends? Wandeln sich Einstellungen, Wertorientierungen? Gibt es demografische Veränderungen?

Die ersten drei Dimensionen spielen für das Tagesgeschäft die entscheidende Rolle, während die letzten beiden Dimensionen für die strategische Planung von Bedeutung sind.

Checkliste: Informationsbedarf   **Ja**

1. Kennen Sie die strategische Ausrichtung Ihrer Organisation, ihre Ziele, ihre Markt-stellung? ☐

2. Verfügen Sie über aktuelle Informationen über die Geschäftsentwicklung, Umsatz, Gewinn, Cashflow oder Return-on-Investment, bezogen auf Ihr Unternehmen und Ihre Abteilung? ☐

3. Sind Sie über Ihre Mitarbeiter ausreichend informiert, ihre Fähigkeiten, ihre Auf-gaben, ihre Verfügbarkeit, ihre Arbeitsergebnisse? ☐

4. Kennen Sie die Auswirkungen Ihrer Entscheidungen genau genug? Lassen sich diese leicht in Erfahrung bringen? ☐

5. Haben Sie genügend Informationen über das Produkt, das Sie anbieten, oder die Dienstleistung, die Sie erbringen? ☐

6. Verfügen Sie über die Informationen, die Sie benötigen, um Ihre Dienstleistung zu erbringen? ☐

7. Haben Sie relevante Informationen über Ihre Kunden, ihre Wünsche, ihre Zufrie-denheit, ihr persönliches Profil? ☐

8. Haben Sie ausreichend Informationen über Ihre Zulieferer und Kooperationspart-ner, ihre Auslastung, Verfügbarkeit und geschäftliche Entwicklung? ☐

9. Sind Sie über Ihre Konkurrenten informiert, die Marktentwicklung, neue Ge-schäftsfelder? ☐

10. Werden Sie über allgemeinere Rahmenbedingungen informiert, über politische Entscheidungen, gesellschaftliche Trends, technische Innovationen? ☐

In den Bereichen, die Sie nicht eindeutig mit „Ja" beantworten können, haben Sie noch Informationsbedarf.

Informationen verteilen

Informationen müssen nicht nur erfasst und beschafft werden, sie müssen auch diejenigen erreichen, die sie brauchen – und zwar auf möglichst kurzem Wege. Dabei sind zunächst zwei Prinzipien zu unterscheiden, wie Informationen den Ad-ressaten erreichen:

- Informationen werden gegeben (Push-Prinzip),
- Informationen werden nachgefragt bzw. eingeholt (Pull-Prinzip).

Informieren nach dem Push-Prinzip

Folgende sehr unterschiedliche Arten von Information sollten grundsätzlich nach dem Push-Prinzip verteilt werden:

- Schlüsselinformationen, die Sie kontinuierlich benötigen, zum Beispiel Berichte, Kennzahlen, Feedback,
- wichtige Informationen, die sich Ihrer Kenntnis entziehen und die Sie deswegen nicht nachfragen können, etwa unvorhergesehene Vorfälle, Ausnahmesituationen, Verbesserungsvorschläge, Beschwerden.

Das Hauptproblem bei dieser Art von Verteilung: Es werden zu viele Informationen weitergegeben, vor allem zu viele unwesentliche. Die Folge: Der Adressat nimmt viele Informationen gar nicht zur Kenntnis oder wählt willkürlich aus. Außerdem verliert er Zeit, wenn er sich durch einen Wust unwesentlicher Informationen kämpfen muss.

Konzentration auf das Wesentliche

Gegen die Informationsflut hilft nur eines: Sie müssen die Anzahl der gepushten Informationen rigoros beschränken – auf das wirklich Wesentliche. Bei den Schlüsselinformationen, die Sie kontinuierlich erhalten, ist das am ehesten zu leisten: Wirken Sie darauf hin, dass Sie nur wenige, aussagekräftige Informationen bekommen.

Besonders hilfreich sind (elektronische) Berichte, die über eine sogenannte „Drilldown-Funktion" verfügen. Dabei können Sie die allgemeinen Schlüsselinformationen (zum Beispiel Umsatz, Fehlzeiten) so weit herunterbrechen, wie Sie das möchten – bis auf die Ebene des einzelnen Mitarbeiters.

Schwieriger ist diese Konzentration bei den außerplanmäßigen Informationen. Denn diejenigen, die ihre Information zu Ihnen pushen, wissen oft nicht, was für Sie wirklich wesentlich ist, und geben lieber zu viel als zu wenig weiter. Doch auch dagegen lässt sich etwas tun: Teilen Sie Ihren Informanten mit, worüber Sie informiert werden möchten und vor allem: auf welche Informationen Sie verzichten können.

Lassen Sie Informationen filtern

Manchmal hilft es nichts. Es erreichen Sie noch immer zu viele Informationen. Vor allem der E-Mail-Informationsstrom versiegt nie. Nutzen Sie die „Regel"-Funktion Ihres E-Mail-Programms, um Ihre Mails übersichtlich zu verwalten.

Manche Führungskräfte versuchen, das Problem auf einfache Art zu lösen: Sie richten einen zweiten E-Mail-Account oder einen zweiten Telefonanschluss ein für die „wirklich wichtigen" Informationen. Davon ist jedoch abzuraten. Denn eine solche Lösung führt zuverlässig dazu, dass wichtige Informationen, die im ersten Postfach lagern, keine Chance mehr haben, zu Ihnen vorzudringen.

Natürlich dürfen Sie sich nicht verschanzen. Es muss dafür gesorgt sein, dass wichtige Informationen so schnell wie möglich zu Ihnen gelangen – und zwar von überall her. Dies erreichen Sie durch eine Art „Notrufkommunikation": In dringlichen Fällen – aber eben nur dann – sollten Sie auf direktem Wege zu erreichen sein.

Beschwerdemanagement

Der Wert von Kundenbeschwerden ist heute unbestritten. Denn ein Kunde, der sich beschwert, liefert dem Unternehmen tatsächlich wichtige Informationen, wo Fehler und Mängel stecken.

Zusätzlich erhöht ein professioneller Umgang mit Beschwerden die Kundenbindung. Unzufriedene Kunden, die sich ernst genommen fühlen, sind treue Kunden und empfehlen das Unternehmen sogar noch weiter, weil man sich so aufmerksam um sie bemüht hat.

Also sollen Beschwerden schnell und effizient bearbeitet werden. Idealerweise landen sie ohne Umwege auf dem Schreibtisch dessen, der für das Problem verantwortlich ist und/oder es unverzüglich beheben kann. Das klingt einleuchtend, bringt in der Praxis jedoch manche Probleme mit sich:

- Der Aufwand ist höher als erwartet und steht oft in keinem Verhältnis zur Bedeutung des Problems. Kleine Beschwerden können hohe Folgekosten verursachen.
- Mitarbeiter, die sich nebenbei auch noch um Beschwerden kümmern müssen, werden aus ihrer Arbeit herausgerissen, ihre Produktivität sinkt.
- Nicht jede Beschwerde ist berechtigt. Führungskräfte, die verlangen, das Problem des Kunden habe grundsätzlich Vorrang, demotivieren ihre Mitarbeiter.

Wenn Sie sich diese Probleme bewusst machen, können Sie ein Beschwerdemanagement installieren, von dem Ihre Organisation wirklich profitieren kann. So ist es sicherlich nützlich, eine zentrale Beschwerdestelle vorzuschalten, die die Beschwerden erfasst, vorsortiert und weiterleitet. Eine solche Stelle kann auch bestimmte Häufungen erfassen und dokumentieren.

Informieren nach dem Pull-Prinzip

Für die Informationen, die nachgefragt werden, gilt der Grundsatz größtmöglicher Beschränkung nicht. Hier ist ein gewisser Informationsüberfluss gar nicht zu vermeiden. Denn es lässt sich nicht genau vorhersehen, welche Informationen benötigt werden.

Entscheidend ist, dass der Nachfragende die Information schnell und ohne großen zeitlichen Aufwand bekommt, aus welcher Informationsquelle auch immer: aus einer Datenbank, aus dem Intranet, von einem Mitarbeiter, der sich in dieser Sache auskennt, oder aus einem Hängeordner.

Manche Organisationen verfügen über riesige Archive und Datenbanken. Das Problem ist nur: Sie werden kaum genutzt, weil die Mitarbeiter sie nicht kennen oder nicht damit umgehen können. Oder weil diese Informationssammlungen unübersichtlich und wenig nutzerfreundlich sind. Das ist Vergeudung wichtiger Ressourcen.

Ein weitverbreitetes Problem: Die Daten und Informationen werden nicht genügend gepflegt. Dadurch verlieren sie aber ihren Wert. Manche Datenbanken und Firmen-Wikis sind überhaupt nur dann relevant, wenn sie aktuell und/oder vollständig sind. Sorgen Sie daher dafür, dass diejenigen, die die Daten einpflegen sollen, das auch tun.

Informationen verstehen

Es ist eine Selbstverständlichkeit: Informationen müssen verstanden werden – und zwar von all denen, an die sie gerichtet sind. Sonst verlieren sie ihren Sinn. Leider wird allzu oft gegen diesen Grundsatz verstoßen. Aus Nachlässigkeit, aus Bequemlichkeit oder auch, weil dem Adressaten die Kenntnisse fehlen, die Informationen zu verstehen.

Sorgen Sie für die Verständlichkeit der Informationen

Informationen sprechen nicht für sich. Sie müssen so aufbereitet werden, dass die Leser sie verstehen. Berichte, die keiner versteht, gehören nicht auf Ihren Schreibtisch, sondern in den Papierkorb.

> Halten Sie Ihre Mitarbeiter an, sich so leserfreundlich wie möglich auszudrücken, und geben Sie selbst nur Informationen weiter, wenn sie auch für Ihre Mitarbeiter verständlich sind.

Natürlich gibt es Grenzen. Legen Sie einen Finanzbericht vor und Ihr Adressat weiß nicht, was „Cashflow" bedeutet, so hat er ein Problem und nicht Sie. Auch lassen sich viele Fachinformationen nicht so abfassen, dass sie jeder versteht. Und doch sollte klar sein: Verständlichkeit ist wichtiger als fachsprachliche Exaktheit.

Brauchen Sie Übersetzungshilfe?

Wenn Sie eine Information nicht verstehen, sollten Sie sich diese erklären lassen. Vielleicht lernen Sie dabei etwas hinzu, vielleicht entdecken Sie, dass man das Gemeinte auch verständlicher ausdrücken könnte. Oder Sie müssen feststellen, dass Sie noch immer nicht wissen, worum es geht. Wenn es auch andere nicht begreifen, liegt der Verdacht nahe, dass die betreffende Information verzichtbar ist.

Unverständliche Informationen entrümpeln

Informationen, die niemand versteht, nützen keinem, schlimmer noch, sie stehlen Ihnen und anderen die Zeit. Sorgen Sie deshalb dafür, dass unverständliche Informationen aus dem Verkehr gezogen werden. Hingegen sollten Informationen, die unnötig kompliziert gehalten sind, vereinfacht und möglichst anschaulich gestaltet werden.

Checkliste: Informationsmanagement ✓

1. Werden Sie laufend über die wichtigsten Kennzahlen und Ereignisse informiert? ☐

2. Nehmen Sie diese Berichte vollständig zur Kenntnis? Falls Sie die Informationen nur teilweise aufnehmen: Welche Angaben wären verzichtbar? ☐

3. Können Sie die Quelle ausmachen, wenn Sie von Informationen überschwemmt werden? ☐

4. Wissen Ihre Mitarbeiter, Kollegen und Vorgesetzten, welche Informationen für Sie wesentlich sind? ☐

5. Ist dafür gesorgt, dass dringende Informationen Sie schnell erreichen? ☐

6. Wissen Sie, wo Sie welche Information finden können? ☐

7. Wissen Ihre Mitarbeiter, wo sie welche Informationen bekommen können? Nutzen sie die Datenbanken, Archive und Informationssysteme? ☐

8. Sind die Informationen, die Sie bekommen, zuverlässig, vollständig, präzise, verständlich und aktuell? ☐

9. Verstehen Sie alle Informationen, die Sie bekommen? Welche nicht? Wer kann Ihnen helfen, sie zu verstehen? ☐

10. Sind die Informationen, die Sie anderen geben, zuverlässig, vollständig, präzise, verständlich und aktuell? ☐

11. Stehen Sie für Rückfragen zur Verfügung? ☐

Wissensmanagement

Die interne Wissensvermittlung spielt für Organisationen aller Art von jeher eine Rolle, doch im Zuge der rasanten Entwicklung von Computernetzen schienen sich neue Möglichkeiten aufzutun, um Wissen zu kodifizieren und systematisch zu nutzen.

Das Wissen in der Organisation nutzen

In jeder Organisation kommen verschiedene Kompetenzen zusammen und entwickeln sich in der täglichen Zusammenarbeit fort. Jeder Mitarbeiter verfügt über bestimmte Kenntnisse und Erfahrungen, die für die Organisation oft sehr wichtig sind – und die er mitnimmt, wenn er die Organisation verlässt.

Hier setzt das Wissensmanagement an. Das vorhandene Wissen der Mitarbeiter soll besser genutzt werden, es soll auch anderen zugutekommen und der „Abfluss" von Wissen soll verhindert werden. Der Grundgedanke drückt sich in dem oft zitierten Satz aus „Wenn Siemens wüsste, was Siemens weiß" – dann wäre der unüberschaubare Konzern innovativer, flexibler und leistungsfähiger.

Wer will sein Wissen weitergeben?

Einige zentrale Annahmen aus den frühen Tagen des Wissensmanagements muten recht naiv an:

- Das Wissen der Mitarbeiter lässt sich kaum kodifizieren oder durch bestimmte Algorithmen fassen.
- Wissen bildet sich nicht durch Anwendung bestimmter Sätze und Regeln, sondern durch Erfahrung. Diese Erfahrung lässt sich nicht einfach speichern und abrufen.
- Wissen ist an bestimmte Umstände geknüpft. Wenn sich diese Umstände ändern, ist es wichtiger, zu vergessen und neu zu lernen, als das altbewährte Wissen zu tradieren.
- Es läuft den Interessen der Mitarbeiter vollkommen zuwider, ihr Wissen an die Organisation abzutreten. Dadurch würden sie sich ja überflüssig machen. Auf jeden Fall würden sie ihre Position erheblich schwächen.

Die überzogenen Ansprüche sind zurückgenommen worden. Wie in anderen Bereichen auch macht sich ein Realismus breit, was dem Wissensmanagement nur gut tun kann.

„Best practices" dokumentieren

Eine Lieblingsidee des Wissensmanagements war die Wissens- oder Expertendatenbank, die zu jedem bisher aufgetretenen Problem die zugehörige „Lösung" ausspuckt. Wenngleich sie eine wertvolle Entscheidungshilfe sein können, so ist der Anspruch, das Problem „gelöst" zu bekommen, vermessen.

Was sich in diesem Zusammenhang hingegen unter bestimmten Voraussetzungen bewährt hat, ist die Idee der „best practices": Vor allem beim Projektmanagement kann es hilfreich sein, wenn man die Vorgehensweise zur Kenntnis nimmt, die sich bis jetzt als die effektivste erwiesen hat.

Doch wäre es verhängnisvoll, aus dieser vernünftigen Idee ein Dogma zu machen. Denn Organisationen, die nur auf ihre „best practices" starren, sind eines gewiss nicht: innovativ. Früher sagte man statt „best practices": „Das haben wir schon immer so gemacht."

> Dokumentieren Sie, wie Sie und Ihre Mitarbeiter vorgehen. So verhindern Sie, dass sich Fehler wiederholen. Und Sie können daran anknüpfen, was gut gelaufen ist.

Kodifizieren oder personalisieren?

Die Autoren Hansen, Nohria und Tierney haben zwei gegensätzliche Strategien von Wissensmanagement herausgearbeitet.

- Die Kodifizierung von Wissen: Das Wissen der Mitarbeiter wird in einem elektronischen Dokumentensystem erfasst, ständig aktualisiert und steht allen zur Verfügung.
- Die Personalisierung: Mitarbeiter geben ihre individuelle Expertise weiter, tauschen sich aus.

Einmal wird Wissen über Dokumente, einmal über Personen vermittelt. Beide Strategien haben ihren Sinn, doch sollte es in jeder Organisation eine klare Priorität für eine der beiden Strategien geben, meinen Hansen, Nohria und Tierney.

Wann kodifizieren?

Dreh- und Angelpunkt bei der Kodifizierungsstrategie ist die Implementierung der erforderlichen Software. Es muss von Anfang an klar sein, für welche Art von Wissen die Datenbank aufgebaut werden soll, wie die Mitarbeiter darauf zugreifen können, und auf welche Weise der Datenbestand gepflegt wird. Findet zum Beispiel eine automatische Aktualisierung statt, weil die Wissensdatenbank in das Unternehmensnetzwerk voll integriert ist und die Mitarbeiter ihr Wissen einfach dadurch weitergeben, dass sie ihre Arbeit tun?

Beispiel

Der Servicemitarbeiter eines internationalen Konzerns kann auf eine riesige Wissensdatenbank zurückgreifen. Er muss nur die Art des Problems und den Gerätetyp eingeben. Findet er selbst eine neue Lösung, wird sie dokumentiert und steht sofort weltweit zur Verfügung.

Entscheidend sind jedoch zwei Fragen:

1. Lässt sich das Wissen standardisieren?
2. Gibt es eine große Anzahl ähnlicher Fälle?

Ist dies der Fall, dürfte die Kodifizierungsstrategie vorzuziehen sein. Denn ihre große Stärke ist: Bei entsprechender „Nachfrage" senkt sie die Kosten für die „Wissensarbeit" erheblich. Hoch qualifizierte Dienstleistungen wie medizinische Beratung (oder auch Unternehmensberatung) können zu einem wesentlich niedrigeren Preis angeboten werden.

Wann personalisieren?

Ein großer Teil des Wissens (vielleicht sogar der entscheidende) lässt sich nicht in elektronische Datennetze einspeisen. Er ist an die Persönlichkeit gebunden, abhängig von ihrer individuellen Erfahrung und lässt sich vielfach gar nicht in Worte fassen. Nur im persönlichen Kontakt kann man an diesem Wissen teilhaben. Genau das ist die Grundidee beim „personalisierten" Wissensmanagement: Der Wissensaustausch wird über Expertennetze gefördert. Das ist jedoch nur unter zwei Voraussetzungen möglich:

- Die spezifischen Fähigkeiten und Erfahrungen der Mitarbeiter müssen detailliert erfasst werden.
- Es muss Raum geschaffen werden zum Austausch und zur Vermittlung von Wissen. Ein hoch qualifizierter Mitarbeiter, der bis zum Hals in Projekten steckt, ist gar nicht in der Lage, sein Wissen auch noch weiterzuvermitteln.

Bei dieser Art von Wissensmanagement findet weit eher ein echter Wissenstransfer statt. Qualifizierte Mitarbeiter lassen sich durch Mentoren weiter qualifizieren, Experten können ihre Kompetenz im Austausch mit anderen erweitern.

Es gibt noch einen weiteren Vorteil: Derjenige, der das Expertenwissen benötigt, kann gezielt nachfragen und ist nicht darauf angewiesen, dass die Lösung im elektronischen Formular enthalten ist.

- Sind die Probleme, die Sie bearbeiten, komplex und unstrukturiert?
- Ist jeder Fall, den Sie bearbeiten, individuelle Maßarbeit?

In diesem Fall ist personalisiertes Wissensmanagement die bessere Alternative. Allerdings müssen Sie sich über eines im Klaren sein: Es ist auch weit kostenintensiver.

Strategie und Planung

Eine Führungskraft muss nicht nur sich selbst und ihre Mitarbeiter gut führen können, sondern auch die Organisation und Entwicklung des Unternehmens im Blick haben: Wo liegen die aktuellen Schwierigkeiten? Was muss heute getan werden, damit das Unternehmen morgen noch konkurrenzfähig ist?

Moden oder Methoden?

In den vergangenen Jahrzehnten sind zahllose Managementmethoden auf den Markt gekommen. Viele von ihnen weckten hohe Erwartungen, die dann nicht selten enttäuscht wurden. Vorzeigeunternehmen von einst wurden zu Sorgenkindern und damit schien auch die zugehörige Managementmethode diskreditiert.

Da liegt es nahe, Managementmethoden generell als vorübergehende Modeerscheinung zu betrachten und sie nicht weiter ernst zu nehmen. Das wäre aber verhängnisvoll. Denn jede dieser Methoden ist ein Werkzeug, das entwickelt wurde, um bestimmte Probleme zu lösen. Wichtige Erfahrungen von Unternehmen und Führungskräften sind darin eingeflossen.

Wenn sie ihren hohen Ansprüchen oft nicht gerecht geworden sind, dann häufig deshalb, weil sie verabsolutiert wurden. So gesehen können Managementkonzepte, die momentan nicht „aktuell" sind, für Ihre Organisation höchst bedeutsam sein. In diesem Kapitel stellen wir Ihnen ohne Anspruch auf Vollständigkeit die wichtigsten Konzepte vor.

Management-konzept	Schwerpunkt	Bietet u. a. Lösungen für folgende Probleme
Balanced Scorecard	Kennzahlen und Zielrichtung	Ausrichtung des Unternehmens mit dem nötigen Zahlenmaterial zur Steuerung in Einklang bringen
Portfolioanalyse	Prüfung der Produktpalette	Die richtige Strategie wählen
Prozessmanagement	Abläufe im Unternehmen sinnvoll definieren	Zu teurer und zu hoher Aufwand im Unternehmen
Kaizen	Kontinuierliche Verbesserung	Optimierung in gesättigten Märkten
Lean Management	Abbau von überflüssigen Tätigkeiten	Zu teurer und zu hoher Aufwand im Unternehmen
Business Process Reengineering	Strategische Ausrichtung des Unternehmens auf seine Kernkompetenzen	Die Kundenorientierung ist nicht im gesamten Unternehmen verankert

Management-konzept	Schwerpunkt	Bietet u. a. Lösungen für folgende Probleme
Szenariomanagement	Mögliche künftige Entwicklungen werden erarbeitet	Die richtige Strategie wählen
Benchmarking	Die Marktführer werden als Maßstab untersucht	Verlust an Marktanteilen
Target Costing	Der Marktpreis definiert den Aufwand für ein Produkt	Zu teurer und zu hoher Aufwand im Unternehmen
Total Quality Management	Die Qualität der Leistung wird verbessert	Der Kunde wählt zunehmend bessere Produkte als die eigenen

Balanced Scorecard

Die Managementmethode der Balanced Scorecard wurde von Robert S. Kaplan, Professor an der Harvard Business School, und David P. Norton entwickelt. Sie versucht sicherzustellen, dass alle wesentlichen Aspekte der Unternehmensführung durch ein Kennzahlensystem erfasst werden – und zwar in einem ausgewogenen Verhältnis.

> Eine Kennzahl ist ein Indikator, ein Messinstrument, das Ihnen Aufschluss darüber geben soll, wo Ihr Unternehmen steht. Sie verdichtet Informationen und gibt Ihnen Orientierung und einen Anhaltspunkt, ob Sie Gegenmaßnahmen ergreifen sollten. Typische Kennzahlen sind Cashflow und Return-on-Investment.

Die Entscheidung, welche Kennzahlen überhaupt gemessen werden sollen, ist eine strategische Entscheidung. Denn Kennzahlen sind für Sie als Führungskraft wichtige Entscheidungsgrundlagen. Die kritischen Erfolgsfaktoren betreffen jedoch oft allgemeine Bereiche – möglicherweise ist Ihr spezifischer Wettbewerbsvorteil Ihr perfekter Service. Doch solche Ziele sind nicht selten aus dem Berichtssystem ausgeschlossen, weil keine Kennzahlen eingeführt wurden, die sie abbilden.

Hier setzt das Konzept der Balanced Scorecard an: Die Kennzahlen Ihres Unternehmens müssen seinen Zielen entsprechen – und zwar in allen Aspekten eines Unternehmens. Zur Klarstellung: Nicht jedes Ziel muss dabei in Form einer Kennzahl gemessen werden. Doch dann sollte in anderer Form definiert werden, wodurch das Ziel konkret erreicht wird und wann es als erreicht gilt.

Ausgewogenheit als Prinzip

Bei der Balanced Scorecard sollen Vergangenheit, Gegenwart und Zukunft berücksichtigt werden – im Gegensatz zu vielen traditionellen Kennzahlsystemen, die stark vergangenheitsorientiert sind, weil sie nur auf die „harten" Finanzkennzahlen ausgerichtet sind.

Die Zukunft lässt sich naheliegenderweise nur indirekt erfassen. Gemessen werden Größen, die als „Treiber" für künftige Leistungen infrage kommen, zum Beispiel der Aufwand für Weiterbildung, die Anzahl der angemeldeten Patente, der Aufwand für die Erschließung neuer Märkte oder Kundensegmente.

Kennzahlen oder: Was dem Unternehmen wichtig ist

In der Vergangenheit galten Kennzahlen als ziemlich spröde Materie, als Gegenstand, um den sich eher die „Erbsenzähler" als die Visionäre im Unternehmen kümmerten. Doch dann wurde die große strategische Bedeutung von Kennzahlsystemen entdeckt. Messen kann man schließlich alles Mögliche – nicht nur Umsatzzahlen und Mitarbeiterfluktuation. Auch „weiche" Ziele wie Umweltschutz oder Kundenorientierung lassen sich durch Kennzahlen abbilden.

Mission und Strategie in Kennzahlen übersetzen

Direkt verbunden mit dem Prinzip der „Ausgewogenheit" ist eine zweite Anforderung an die Balanced Scorecard: Sie sollte Ausdruck der strategischen Ziele der Organisation sein. In sogenannten „Mission Statements" wird der „Auftrag" umrissen, den die Organisation an sich gestellt sieht. Worin besteht seine Aufgabe? Welchen Werten fühlt man sich verpflichtet? Wie geht man mit den Mitarbeitern um? Welche Position strebt man im Markt an?

Stakeholder- statt Shareholder-Value

Zum besseren Verständnis trägt es bei, wenn Sie sich verdeutlichen, dass die Balanced Scorecard weithin dem Stakeholder-Konzept verpflichtet ist. Im Unterschied zum viel kritisierten Shareholder-Value stehen beim Stakeholder-Konzept nicht die (weitgehend homogenen) Interessen der Kapitalgeber (der „Shareholder") im Vordergrund. Vielmehr geht es um die unterschiedlichen Interessen aller, die von dem Unternehmen in irgendeiner Weise betroffen sind (die „Stakeholder"): Mitarbeiter, Zulieferer, Kunden, Finanziers – aber auch Anwohner einer Fabrikanlage können „Stakeholder" sein.

- Der Stakeholder-Value ist einer „ganzheitlichen" Perspektive verpflichtet. Es geht um den Interessenausgleich zwischen den unterschiedlichen Stakeholdern.
- Beim Shareholder-Value steht die Marktwertmaximierung des Eigenkapitals im Vordergrund. Daraus folgt in der Regel eine Konzentration auf kurz- und mittelfristig rentable Kerngeschäfte.

Die vier Perspektiven der Balanced Scorecard

Kaplan und Norton unterscheiden vier Perspektiven, die ein erfolgreiches Management berücksichtigen sollte:

1. die wirtschaftliche Perspektive,
2. die Kundenperspektive,
3. die Perspektive der internen Prozesse,
4. die Lern- und Entwicklungsperspektive.

1. Harte Zahlen: die wirtschaftliche Perspektive

Hier finden sich die traditionellen Finanzkennzahlen wie Return-on-Investment, Cashflow oder Eigenkapitalrendite. Dabei werden die Ziele der Organisation in Abhängigkeit zu ihrer jeweiligen Entwicklungsphase festgelegt, ob sich die Organisation bzw. das Produkt in einer Phase des Wachstums, der Reife oder der Ernte befindet (siehe „Portfolioanalyse").

Darauf werden die Maßnahmen (zum Beispiel Anheben, Senken der Verkaufspreise) und Ziele (etwa hoher Marktanteil oder Entwicklung neuer Produkte) abgestimmt.

2. Was Sie bieten müssen: die Kundenperspektive

Dieser Perspektive liegt die Frage zugrunde, wie sich die Organisation ihren Kunden gegenüber darstellt. Was muss sie ihnen bieten, um einen hohen Grad an Zufriedenheit zu erreichen? Doch zufriedene Kunden sind noch keine rentablen Kunden. Daher sind auch Rentabilitätskennzahlen erforderlich. Vielleicht zeigt sich, dass einige Ihrer sehr zufriedenen Kunden dennoch unrentabel sind.

Weiterhin können folgende Kennzahlen eine Rolle spielen:

- Wie hoch ist der Marktanteil?
- Wie viele neue Kunden wurden gewonnen?
- Wie dauerhaft sind Kundenbeziehungen? Wie groß ist der Anteil langjähriger Kunden?
- Wie ist das Image des Unternehmens bei den Kunden?

3. Wie Ihr Unternehmen arbeitet: die Perspektive der internen Prozesse

Hier steht die Verbesserung der internen Betriebsprozesse im Vordergrund. Wie sind die Qualitäts- und Durchlaufkennzahlen? Zusätzlich sollen zwei weitere Prozessarten erfasst werden: der Innovationsprozess und der Serviceprozess. So kann zum Beispiel die Zeitspanne bis zur Entwicklung der nächsten Produktgeneration gemessen werden, die Prozentzahl des Umsatzes aus neuen Produkten oder die Reaktionsgeschwindigkeit des Kundendienstes.

4. Unscharfe Ziele – die Lern- und Entwicklungsperspektive

Die vierte Perspektive ist ganz auf die Zukunft gerichtet. Das macht ihre Handhabung so schwierig. Denn, wie Kaplan und Norton selbst einräumen, es gibt kaum Kennziffern, die die Lern- und Entwicklungsperspektive beschreiben.

Konkret soll es um die Erfassung von drei Hauptkategorien gehen:

- Mitarbeiterpotenziale,
- Potenziale von Informationssystemen (haben die Mitarbeiter umfassende Informationen über Kunden, interne Prozesse und die finanziellen Auswirkungen ihres Handelns zur Verfügung?),
- Motivation, Empowerment und Zielausrichtung (inwieweit haben die Mitarbeiter die Freiheit, eigene Entscheidungen zu treffen und selbstständig zu handeln?).

Es besteht kein Zweifel, dass diese Ziele eine wichtige Rolle spielen können. Und doch ist die Frage offen, wie man sie zuverlässig messen kann. (Weitere Informationen finden Sie im Buch von Kaplan und Norton, siehe „Literatur").

Portfolioanalyse

In aller Regel bietet ein Unternehmen verschiedene Produkte und/oder Dienstleistungen an. Diesen Produktmix zu analysieren und zu optimieren ist eine strategische Managementaufgabe: die Portfolioanalyse.

Ihre Wurzeln liegen im Finanzmanagement, genauer im Wertpapiergeschäft. Der Finanzexperte H. M. Markowitz beschäftigte sich Anfang der 1950er-Jahre mit der optimalen Ausgestaltung von Wertpapierdepots. Risiko und Rendite sollten durch gelungene Kombination der Papiere in ein möglichst günstiges Verhältnis gesetzt werden.

Der Lebenszyklus eines Produkts

Doch die Portfolioanalyse kümmert sich nicht allein um die ausgewogene Ausgestaltung der Produktpalette. Das Wesentliche ist vielmehr, dass sie den Aspekt der Zeit hinzufügt: Produkte bleiben nicht unverändert, sie „altern" und durchlaufen einen „Lebenszyklus".

Die vier Lebensphasen eines Produkts

1. Entstehungsphase: Markteinführung; hohe Investitionskosten,
2. Wachstumsphase: stark steigende Umsatzrendite; wenige Wettbewerber; sinkende Stückkosten dank verbesserter Produktionsverfahren,
3. Reifephase: langsamer Rückgang der Gewinnkurve; starker Wettbewerbsdruck; Preisreduktion,
4. Sättigungsphase: mehr und mehr Me-too-Produkte, Billiganbieter, Umsatzrendite sinkt nach und nach in die Verlustzone.

Diese Phasen können sich unterschiedlich lang ausdehnen. Es gibt Produktklassiker, die sich extrem lange in der „Reifephase" befinden, während andere Produkte bereits veraltet sind, wenn sie auf den Markt kommen (etwa Software). Übrigens wird dieses Vier-Phasen-Modell nicht nur auf einzelne Produkte angewendet, sondern auch auf Sortimente, auf Technologien, ja auf ganze Branchen.

Die Vier-Felder-Matrix der Boston Consulting Group

Aufbauend auf die vier Lebensphasen hat die Boston Consulting Group eine Matrix entwickelt, die bis heute die Portfolioanalyse dominiert. Dabei werden zwei Dimensionen untersucht:

- Das Wachstum des Marktes: Handelt es sich um einen dynamischen, schnell wachsenden oder um einen gesättigten Markt?
- Der relative Marktanteil des Produkts: Ist das Produkt Marktführer oder liegt es weit zurück?

Die Marktdimension bildet gewissermaßen die Umwelt ab, während der Marktanteil die Situation des Unternehmens beschreibt. Für die Analyse kommt es sehr stark darauf an, wie der Markt überhaupt definiert wird. Wenn Sie der führende Anbieter von Kartoffelsaft sind, können Sie auf dem Markt der Getränke eine eher untergeordnete Rolle spielen.

Die Vier-Felder-Matrix der Boston Consulting Group		
Hohes Marktwachstum	I Fragezeichen (Questionmarks)	II Stars
Niedriges Marktwachstum	IV Arme Hunde (Poor Dogs)	III Cash-Kühe (Cash Cows)
	Niedriger Marktanteil	Hoher Marktanteil

Für jeden Typ eine Produktstrategie

Je nachdem, in welchem Feld sich ein bestimmtes Produkt befindet, sind unterschiedliche Strategien zu verfolgen.

I Fragezeichen (Questionmarks): Hier ist die weitere Entwicklung fraglich. Es sollte selektiv in die Produkte mit den besten Marktchancen investiert werden.

II Stars: Diese Produkte sind besonders zu fördern. Hier sollte weiter investiert werden, um sie noch erfolgreicher zu machen und die Rendite zu erhöhen.

III Cash-Kühe (Cash Cows): Sie sollten „gemolken" werden. Es gilt, die Marktposition zu halten. Größere Neuinvestitionen sind jetzt zu vermeiden. Die Gewinne können abgeschöpft und im Bereich der Fragezeichen investiert werden.

IV Arme Hunde (Poor Dogs): Die Investitionen sollten langsam zurückgefahren werden. Solange diese Auslaufmodelle noch Gewinn erwirtschaften, können sie im Portfolio bleiben. In absehbarer Zeit sind sie jedoch zu liquidieren.

Welche Mischung ist anzustreben?

Im Idealfall verfügt ein Unternehmen über ein ausgewogenes Produktportfolio. Es geht also nicht darum, dass sich nur Stars oder Cash-Kühe im Sortiment befinden sollten. Denn gemäß dem Lebenszyklusmodell befinden sich die künftigen Stars heute im Feld der Fragezeichen. Und die ertragreichen Cash-Kühe werden schließlich zu „armen Hunden".

Optimal ist ein Portfolio mit folgenden Anteilen:

I	Fragezeichen (Questionmarks)	10–20 %
II	Stars	30–40 %
III	Cash-Kühe (Cash Cows)	30–40 %
IV	Arme Hunde (Poor Dogs)	10–20 %

Arme Hunde leben länger

Die Vier-Felder-Matrix ist immer wieder kritisiert worden: Sie vereinfache zu stark. Auch seien die vorgeschlagenen Strategien nicht immer passend. Manche „Stars" werden unversehens zu „armen Hunden" und manche „armen Hunde" erweisen sich als ausgesprochen zählebig.

Es ist sicher so, dass man an das Vier-Felder-Schema keine überzogenen Ansprüche stellen sollte. Aber was die Kritiker hier bemängeln, nämlich die starke Vereinfachung, ist gleichzeitig seine Stärke. Die vier Kategorien bieten Orientierung. Sie sind anschaulich und überzeugend. Wenn Sie einem anderen Manager Ihre Produktstrategie erläutern wollen und von „Cash-Kühen" und „armen Hunden" sprechen, wird er schnell wissen, was Sie meinen.

Die Neun-Felder-Matrix von McKinsey

Die Unternehmensberatung McKinsey hat eine weitere Methode für eine Portfolioanalyse entwickelt: Die Neun-Felder-Matrix differenziert etwas stärker, ansonsten ist sie aber nach ganz ähnlichen Prinzipien aufgebaut. Doch anstelle des „Wachstums" wird nun die „Attraktivität" des Marktes bewertet und anstatt auf den „Marktanteil" wird die Aufmerksamkeit auf die „Wettbewerbsstärke" gelenkt.

Portfolio-Matrix nach McKinsey			
Hohe Marktattraktivität	Verdoppeln oder stoppen	Anstrengungen verstärken	Führerschaft anstreben
Mittlere Marktattraktivität	Nische suchen oder aussteigen	Vorsichtig fortfahren	Wachstum identifizieren
Geringe Marktattraktivität	Rückzug	Schrittweise aussteigen	„Cash-Generation"
	Geringe Wettbewerbsstärke	Mittlere Wettbewerbsstärke	Hohe Wettbewerbsstärke

Neun Musterstrategien

Für jedes Feld empfiehlt McKinsey eine andere Strategie. So geht es bei hoher Marktattraktivität und hoher Wettbewerbsstärke darum, weiter zu wachsen, die Investitionen zu maximieren und die Marktführerschaft anzustreben. Ist die Wettbewerbsstärke hingegen gering, ist zu entscheiden, ob die Aktivitäten erheblich verstärkt oder gänzlich gestoppt werden sollten.

Für jeden Zweck eine eigene Matrix

Kein Zweifel, das McKinsey-Raster ist wesentlich differenzierter, zugleich aber fehlt ihm etwas Wichtiges: Es ist bei Weitem nicht so anschaulich wie die „klassische" Matrix der Boston Consulting Group. Welcher Einteilung Sie folgen wollen, ist davon abhängig, worauf Sie mehr Wert legen. Ohnehin gibt es für eine Portfolioanalyse keine verbindlichen Regeln. Es sind viele weitere Kriterien denkbar. Auch die Auflösung könnten Sie noch weiter verfeinern, wenn Sie das wollten. Im Prinzip kann sich jede Organisation ihre eigene Matrix zurechtlegen, wobei darauf zu achten ist, dass auf der einen Achse die „Umwelt" (in der Regel: der Markt) erfasst wird, auf der anderen Achse das Produkt (in der Regel: seine Marktposition).

Die Leistung einer „selbst gestrickten" Matrix: Sie erkennen auf einen Blick, wie sich Ihr Portfolio zusammensetzt. Der Nachteil: Wie es zusammengesetzt sein sollte, erfassen Sie damit nicht.

Prozessmanagement

Neuere Managementansätze zeichnen sich häufig dadurch aus, dass sie prozessorientiert sind. Das bedeutet zunächst einmal nicht mehr, als dass die Geschäftsprozesse in den Mittelpunkt der Betrachtung gerückt werden. Doch ergeben sich aus dieser Prozessorientierung oftmals weitreichende Konsequenzen: von der Neuverteilung bestimmter Verantwortlichkeiten bis zum Umbau der gesamten Organisation.

Die Stärken der Prozessorientierung

In einer Umwelt, die sich rasant verändert, haben traditionelle Organisationen mit einer Reihe von Problemen zu tun:

- Starre Hierarchien verhindern flexible, effiziente Abläufe. Ressourcen werden vergeudet.
- An den Schnittstellen gibt es Abstimmungsprobleme. Die Folge: Doppelarbeit, Zeitverlust, Einbuße an Qualität.
- Die Zuständigkeiten sind zersplittert in einzelne Teilaufgaben, die immer schwerer zu koordinieren sind.
- Abteilungen arbeiten isoliert voneinander und verfolgen eigene Ziele – nicht selten in Konkurrenz zu anderen Abteilungen.

Eine stärkere Orientierung an den Prozessen soll diese weitverbreiteten Probleme lösen. Die Abläufe im Unternehmen werden analysiert und – orientiert am Gesamtnutzen für die Organisation – neu gestaltet.

Konkret konzentriert sich Prozessmanagement auf die folgenden Ziele:

- schnellere, vor allem aber schlankere Prozesse; dadurch Entlastung und effizienterer Einsatz von Ressourcen.
- Reduzierung von Schnittstellen, zum Beispiel durch Integration abteilungsfremder Arbeitsabläufe.
- Begleitung des gesamten Prozesses, Überwachung und Verantwortung in einer Hand, etwa durch Schaffung horizontaler Führungspositionen (Accountmanager, Produktmanager).
- Auflösung des Abteilungsdenkens durch Abkehr von der tayloristischen Arbeitsteilung und Umstrukturierung der Organisation.

Eine Frage der Dosierung

In der Praxis hat die stärkere Prozessorientierung zu unterschiedlichen, teils widersprüchlichen Ergebnissen geführt. Dies liegt einmal daran, dass die Prozesse, die in den Organisationen gemanagt werden sollen, sehr unterschiedlich sind; zum anderen ist das Ergebnis aber auch abhängig von der Intensität und dem Ausmaß der Prozessorientierung. Die mildeste Form von Prozessmanagement: Bestehende Abläufe werden vereinfacht, gleichartige Prozesse werden zusammengefasst (siehe „Kaizen"). Die radikalste Ausprägung: Das gesamte Unternehmen wird neu ausgerichtet und in eine Prozessorganisation umgebaut (siehe „Business (Process) Reengineering").

Prozessoptimierung

Das Mindeste, was eine Organisation tun kann: Ihre Geschäftsprozesse werden untersucht, verschlankt und effizienter gestaltet. Zwingende Voraussetzungen, damit dies gelingt, sind:

- Einbeziehung aller Betroffenen (Prozessoptimierung von oben oder vom „grünen Tisch" aus funktioniert nicht),
- Unterstützung durch das Topmanagement.

Wählen Sie aus und grenzen Sie ab

Als Erstes müssen Sie sich für einen bestimmten Prozess entscheiden. Sinnvollerweise nehmen Sie sich einen Prozess vor, der einen intensiven Ressourcenverbrauch oder einen hohen Anteil am Kundennutzen aufweist. Oder Sie wählen einen Prozess aus, den Sie aktuell für besonders ineffizient und damit für reformbedürftig halten.

> **Beispiel**
> Die Reisekostenabrechnung bei den öffentlich-rechtlichen Rundfunkanstalten ist ein äußerst verschachteltes Verfahren, bei dem unzählige Formulare zum Einsatz kommen. Sehr häufig gehen die Abrechnungen wieder an die Mitarbeiter zurück, weil ein Formular nicht vorschriftsmäßig ausgefüllt worden ist. Abweichungen von der vorgeschriebenen Reiseroute stellen bei der Abrechnung eine Katastrophe dar, ein typischer Fall also für eine Prozessoptimierung.

Nehmen Sie den bestehenden Prozess unter die Lupe

Nunmehr müssen Sie den Prozess genauer analysieren. Unter Umständen müssen Sie ihn in Haupt- und Teilprozesse gliedern, immer mit dem Ziel, den Ablauf transparent zu machen, die Abfolge und Dauer aller Schritte festzuhalten, alle Beteiligten und den jeweiligen Ressourcenverbrauch aufzulisten. Für die Analyse gibt es geeignete Hilfsmittel, wie Software und Prozess-Flowcharts, die Ihnen die Analysearbeit erleichtern können.

Wo kann der Prozess optimiert werden?

Schon bei der Analyse wird in aller Regel offenbar, wo die Schwachstellen sind, zum Beispiel, wo es immer wieder zu Verzögerungen kommt oder wo der Ablauf kompliziert erscheint. Solche Abläufe sind wenig transparent und effizient, sie verursachen unnötige Kosten und müssen dringend vereinfacht werden. Das Prinzip größtmöglicher Einfachheit führt Sie weiter. Überlegen Sie: Was können Sie alles weglassen? Wie sieht dieser Prozess aus, wenn Sie ihn auf sein Skelett reduzieren? Welche Beteiligten sind nicht absolut erforderlich?

Ebenso kann es nützlich sein, wenn Sie sich fragen, ob in Ihrer Organisation an anderer Stelle eine ähnliche Leistung erbracht wird. Dann wäre zu prüfen, ob diese Leistung nicht vereinheitlicht werden sollte, oder ob sich die Aufgaben nicht gleich zusammenlegen lassen.

Checkliste: Prozessoptimierung

1. An welcher Stelle treten Wartezeiten auf? Wodurch kommen sie zustande?

2. Gibt es ein Nadelöhr, das den Prozess verlangsamt? Kann die Aufgabe auf andere Stellen verlagert werden? Kann auf die Einschaltung des Nadelöhrs verzichtet werden?

3. Können einzelne Schritte zusammengelegt werden? Welche Aufgaben lassen sich zusammenfassen?

4. Lässt sich die Abfolge verändern und können dadurch Schritte entfallen?

5. Gibt es in der Organisation ähnliche Abläufe/Aufgaben, die zusammengelegt werden können?

Checkliste: Prozessoptimierung

6. Gibt es Routineaufgaben, die fallbezogen bearbeitet werden und damit zu viele Ressourcen beanspruchen?

7. Können Sie Verantwortung nach unten delegieren und damit Kontrollschritte einsparen?

8. Bleibt die Qualität der Arbeitsergebnisse auf jeden Fall erhalten? Wodurch ließe sie sich noch erhöhen?

Kaizen

Das japanische Konzept des Kaizen galt westlichen Unternehmen Anfang der 1990er-Jahre noch als großes Vorbild. Die Philosophie der „ständigen Verbesserung" feierte beeindruckende Erfolge, nicht nur in Japan. Doch mit der tiefen Krise der japanischen Wirtschaft verblasste auch der Glanz von Kaizen & Co.

Dabei sind viele Vorstellungen aus Japan bis heute relevant. Eine Reihe westlicher Unternehmen hat zumindest Elemente japanischen Managements adaptiert. Dazu gehört auch die Prozessorientierung.

Nach dem Kaizen-Prinzip vollzieht sich die Optimierung der Prozesse in kleinen Schritten. Jeder Firmenangestellte ist aufgefordert, an der Verbesserung mitzuwirken – und zwar permanent. Jegliche Form von Verlust (Muda) soll vermieden werden: Energie, Material, Zeit ist einzusparen, Verwaltungsabläufe können gestrafft werden.

Im Zusammenhang mit Prozessmanagement ist dreierlei hervorzuheben: Die Verbesserungen

- werden von den Angestellten initiiert und nicht vom Management,
- vollziehen sich langsam, aber kontinuierlich,
- werden selbst als Prozess aufgefasst, der niemals abgeschlossen ist.

Lean Management

In den Neunzigerjahren galten Verschlankungsstrategien aller Art als das Erfolgsrezept für Unternehmen. Lean Management stand für Kostensenkung, höhere Effizienz und „Freisetzung" zahlreicher Angestellter, vor allem aus dem mittleren Management.

Lean Management bezog sich nicht nur auf die Optimierung der Geschäftsprozesse, doch ist deren Verschlankung ein ganz wesentliches Anliegen von Lean Management. Darüber hinaus sind noch die folgenden Elemente relevant:

- Abbau und Verflachung von Hierarchien,
- Einsatz von teilautonomen Teams mit hoher Motivation,
- schlanke Fertigung mit kontinuierlichem Materialfluss,
- Beschleunigung der Entwicklung; Einsatz von Simultaneous Engineering.

Simultaneous Engineering ist darauf ausgerichtet, die Entwicklungszeit bis zur Marktreife („Time-to-Market") ohne Qualitätseinbuße zu verkürzen. Dies geschieht dadurch, dass unterschiedliche Aktivitäten parallel stattfinden.

Konzentration auf die Kernkompetenzen

Eng verbunden mit dem Lean Management ist das Konzept der Kernkompetenzen. Dabei geht es darum, sich auf die Fähigkeiten zu konzentrieren, die für den Erfolg des Unternehmens entscheidend sind. Alles andere können andere besser und/oder billiger. Folglich ist es günstiger, solche Bereiche outzusourcen.

Leiden schlanke Unternehmen unter Magersucht?

Mittlerweile ist das Lean Management ein wenig in Misskredit geraten. Es hat vielfach zur Überlastung der Mitarbeiter geführt und die Flexibilität der ausgedünnten Unternehmen erheblich eingeschränkt. Was gestern als Schlankheitskur angepriesen wurde, gilt heute als Magersucht. Nebenbei bemerkt bedeutet „lean" in seiner ersten Bedeutung auch gar nicht schlank, sondern mager.

Business (Process) Reengineering

Beim Business Reengineering werden nicht bloß einzelne Geschäftsprozesse optimiert, sondern das gesamte Unternehmen wird völlig neu ausgerichtet – und zwar auf die erfolgskritischen Geschäftsprozesse. Demgegenüber beschränkt sich das Business Process Reengineering zunächst darauf, einzelne Prozesse neu zu gestalten, zum Beispiel durch Prozessoptimierung. Allerdings gewinnt das Process Engineering nicht selten eine Eigendynamik, sodass es häufig in ein Business Engineering mündet (siehe dazu Hammer/Champy, unter „Literatur").

Horizontal statt vertikal

Die Grundidee: Das Unternehmen soll nicht mehr vertikal nach Funktionen (etwa Vertrieb, Marketing, Forschung und Entwicklung), sondern horizontal nach Prozessen strukturiert werden. Im Idealfall ergeben sich durchgängige Prozesse ohne Schnittstellen – von den Zulieferern bis zum Kunden.

> Beim Business Process Reengineering werden die Prozesse als entscheidende Faktoren definiert. Nicht die Prozesse sollen den Strukturen folgen, sondern die Strukturen den Prozessen.

Wie beim Lean Management konzentriert sich das Unternehmen auf seine Kernkompetenzen, aus denen die erfolgskritischen Kernprozesse abgeleitet werden.

Kundenorientierung – von Anfang bis Ende

Alle Prozesse werden auf den Kunden ausgerichtet. Seine Bedürfnisse, Erwartungen und Wünsche sind entscheidend. In letzter Konsequenz heißt das, dass der Kunde selbst in die Prozesse eingebunden ist und gewissermaßen zu einem Teil der Organisation wird. So gibt es einige innovative Modelle, die den Kunden in die Preisgestaltung, Produktentwicklung oder Logistik mit einbeziehen wollen.
Nicht nur die Kunden, auch die Zulieferer sollen möglichst eng in die Geschäftsprozesse einbezogen werden. Ressourcen können gemeinsam genutzt werden, vor allem aber können die Zulieferer in das Informationsmanagement integriert werden und zum Beispiel Daten aus dem unternehmenseigenen Intranet abrufen oder sie dort einspeisen. Dabei müssen andere Daten vor dem Zugriff geschützt werden.

Das Ende der Unternehmen?

Konsequent zu Ende gedacht führt dieser Ansatz zu einer Auflösung fester Organisationsstrukturen. Es entstehen virtuelle Unternehmen ohne feste Kontur. Die Unterschiede zwischen Zulieferern, Belegschaft und Kunden schwinden. Die Aufgabe von Führungskräften besteht im Managen von Geschäftsprozessen.

Szenariomanagement

Strategische Planung ist in einem turbulenten Umfeld nur schwer möglich. Entwicklungen lassen sich kaum zuverlässig prognostizieren. Auf gesicherte Annahmen lässt sich kaum noch bauen.

Die Plausibilitätsfalle

Um strategische Entscheidungen zu treffen, müssen wir Annahmen über die Zukunft machen. Üblicherweise rechnen wir mit dem, was uns am wahrscheinlichsten vorkommt. Wir verlängern die Gegenwart in die Zukunft. In der kurzfristigen Planung fahren wir auch gar nicht schlecht damit. Nur bei langfristigen Prognosen liegen wir fast immer daneben. Denn es geschehen Dinge, mit denen niemand rechnet. So prognostizierte Thomas J. Watson, damals Vorstandsvorsitzender von IBM, im Jahr 1943: „Ich glaube, auf dem Weltmarkt besteht Bedarf für fünf Computer, nicht mehr".

Daher hat das Szenariomanagement an Bedeutung gewonnen. Denn im Gegensatz zu traditionellen Prognoseverfahren (Expertenbefragung, Zeitreihen) geht es davon aus, dass die Zukunft nur beschränkt vorhersehbar ist.

Die Zukunft ist unsicher

Szenariomanagement versucht nicht, die Zukunft festzuschreiben. Es werden keine definitiven Aussagen darüber getroffen, mit welcher Entwicklung zu rechnen ist. Vielmehr hilft das Szenariomanagement, mehrere alternative Zukunftsbilder zu entwickeln und über geeignete Maßnahmen nachzudenken. Das hat folgende Vorteile:

- Es können Entwicklungen berücksichtigt werden, die möglich, aber nicht sehr wahrscheinlich sind, beispielsweise Störfälle, plötzliche Verknappung von Ressourcen.
- Unvorhersehbare Ereignisse treffen das Unternehmen nicht unvorbereitet.
- Szenarien sind anschaulich und konkret. Sie lassen uns Zusammenhänge besser verstehen.
- Szenarien erfassen ein ganzes Bündel von Merkmalen. Dadurch können Wechselwirkungen erkannt und berücksichtigt werden.
- Komplette Szenarien lassen sich leichter vermitteln als isolierte Annahmen, die zusammengenommen häufig nicht konsistent sind.

Die fünf Phasen des Szenariomanagements

Es gibt kein verbindliches Modell für den Ablauf. Wir folgen dem Schema von Gausemeier, Finke und Schlake (siehe „Literatur").

- Phase 1: Szenariovorbereitung

  Zu Anfang muss der Untersuchungsgegenstand genau abgegrenzt werden. Geht es um einen Geschäftsbereich, das gesamte Unternehmen, eine bestimmte Technologie? Zugleich legen Sie den zeitlichen Horizont fest: Fünf Jahre, zehn Jahre, 20 Jahre? Schließlich sollten Sie Ihren Untersuchungsgegenstand näher analysieren: Wie ist die aktuelle Situation?

- Phase 2: Szenariofeldanalyse

  Ausgehend von Ihrer Analyse versuchen Sie nun relevante Umweltsegmente und Einflussbereiche zu identifizieren. Aus den Bereichen leiten Sie nun konkrete Einflussfaktoren ab. Was wirkt auf Ihr Untersuchungsobjekt ein? Was könnte es künftig beeinflussen? Die Entwicklung der Kaufkraft, die Kriminalitätsrate, die Zunahme von Einpersonenhaushalten, die Akzeptanz für Inhalte aus dem Internet zu bezahlen?

Aus einem ganzen Bündel heterogener Einflussfaktoren müssen Sie nun die Schlüsselfaktoren herausfiltern. Das kann ein außerordentlich aufwendiger Prozess sein, bei dem computergestützte Einflussanalysen und Effektmatrizes zum Einsatz gelangen können.

- Phase 3: Szenarioprognostik

  Jetzt müssen Sie für Ihre Schlüsselfaktoren unterschiedliche Entwicklungsmöglichkeiten erarbeiten und in Zukunftsprojektionen beschreiben, zum Beispiel die Entwicklung des Energiesektors: Welche Folgen hätte eine radikale Liberalisierung oder eine strikte Ökologisierung?

  Wenn Sie die Entwicklungsmöglichkeiten festlegen, können Sie unter zwei unterschiedlichen Strategien wählen:

  - Extremprojektion: Die Entwicklung wird überbetont und dramatisiert. Die Eintrittswahrscheinlichkeit ist eher gering, der Fokus weit gefasst, doch werden Sie auf mögliche Gefahren aufmerksam – empfehlenswert vor allem für Szenarien zur Orientierung.

  - Trendprojektion: Sie konzentrieren sich auf Entwicklungen, die Sie für wahrscheinlich erachten. Dadurch verengen Sie den Fokus und gelangen zu eindeutigeren Aussagen – daher geeignet für Szenarien zur Entscheidung.

- Phase 4: Szenariobildung

  Erst jetzt gelangen Sie zum eigentlichen Szenario. Dazu bewerten Sie die Verträglichkeiten der alternativen Entwicklungsmöglichkeiten. Aus der widerspruchsfreien Kombination arbeiten Sie einige wenige Szenarien als komplexe Zukunftsbilder heraus.

- Phase 5: Szenariotransfer

  Aus den Szenarien leiten Sie nun eine „zukunftsrobuste" Strategie ab. Welches Leitbild könnte sich aus den Szenarien ergeben, welche „strategischen Erfolgspositionen" (SEP) sind zu besetzen? Und welche Maßnahmen sollten ergriffen werden, damit Ihre Organisation auf die mögliche Entwicklung vorbereitet ist? Sind bestimmte Vorbereitungen zu treffen? Müssen Defizite ausgeglichen, Sicherheitslücken geschlossen werden?

Rechnen Sie mit dem Schlimmsten und mit dem Besten

Das Szenariomanagement hat zwei Zielrichtungen: eine pessimistische, um auf das Schlimmste vorbereitet zu sein (Worst-Case-Szenario), aber auch eine optimistische, um Chancen zu erkennen, unerwartete Gelegenheiten zu nutzen und Stärken weiter auszubauen. Es ist nicht nur ein Versäumnis, mögliche Gefahren zu übersehen. Manche Organisationen geraten schlicht deswegen ins Hintertreffen, weil sie auf den „best case" nicht vorbereitet waren.

Weitere Managementkonzepte

Es gibt zahllose Managementkonzepte, einige davon sind schnelllebige Modetrends. Die wichtigsten Konzepte haben wir Ihnen bereits dargelegt. Abschließend stellen wir Ihnen vier weitere Managementkonzepte vor, die Sie kennen sollten.

Benchmarking – Lernen von den Besten

Beim Benchmarking geht es um die folgenden Grundfragen: Wie machen es die anderen? Wie machen es die Besten? Welche Werte erreichen sie? Wie kann es uns gelingen, diese Spitzenwerte zu übertreffen?
Benchmarking ist also eine Form der Konkurrenzanalyse, wobei der eigentliche Clou darin besteht, den Blick auf branchenfremde Unternehmen zu richten und von ihnen zu lernen. Weniger freundlich formuliert: ihre Praktiken zu kopieren mit dem Ziel, es noch besser zu machen.

> **Beispiel**
>
> Der Autohersteller Toyota hat sich daran orientiert, nach welchen Prinzipien Supermärkte ihre Regale wieder auffüllen, um seinen Produktionsbereich zu optimieren. Ergebnis war das berühmte „Kanban"-System, das viele Hersteller für ihre Just-in-time-Fertigung übernommen haben.

Benchmarking vollzieht sich in zwei Schritten: Es werden die Leistungsmerkmale (in harten Kennzahlen) miteinander verglichen. Dann wird gefragt: Auf welche Weise wird dieser Wert erreicht? Müssen wir unsere eigenen Prozesse entsprechend umgestalten?
Das zentrale Problem besteht meist darin, zuverlässige Informationen zu bekommen. Denn wer gibt schon freiwillig seine Daten preis – noch dazu der Konkurrenz? Es gibt drei Wege aus diesem Dilemma:

1. „Internes Benchmarking": Abteilungen vergleichen ihre Werte und lernen voneinander. Im Grunde handelt es sich darum, die „best practices", die bewährten Lösungen, zu übernehmen.

2. Zwei (Spitzen-)Unternehmen aus verschiedenen Branchen vergleichen sich gegenseitig.

3. Es wird eine Unternehmensberatung beauftragt, die entsprechenden Werte zu schätzen.

Alle drei Verfahren sind letztlich unbefriedigend. Internes Benchmarking hat keinen großen Effekt; die beiden anderen Methoden liefern kaum „objektive" Zahlen. Es wäre naiv anzunehmen, dass irgendeine Zahl, die vom Unternehmen nach außen gegeben wird, nicht „politisch" sei.

Die Hauptleistung von Benchmarking besteht nämlich nicht im objektiven Leistungsvergleich. Die Zahlen müssen nicht „stimmen", um ihren eigentlichen Zweck zu erfüllen: nämlich Veränderungsprozesse im Unternehmen anzuschieben.

Target Costing

Beim Target Costing, der „Zielkostenrechnung", wird die Frage „Was wird das Produkt kosten?" ersetzt durch die Frage „Was darf das Produkt kosten?". Während üblicherweise ein Produkt entwickelt wird und dann die Kosten kalkuliert werden, steht beim Target Costing der marktfähige Preis am Anfang.

> Marktfähiger Preis – Zielgewinn = Kostenobergrenze

Wenngleich das Konzept aus Japan stammt, hat sich das amerikanische Schlagwort vom Markt, der in das Unternehmen hineinverlagert wird, allgemein durchgesetzt. „Market into Company" bedeutet eine Erweiterung des Target Costing über den Bereich der Produktentwicklung hinaus: Auch bei bestehenden Produkten soll es zu Kosteneinsparungen führen.

Die größte Schwierigkeit besteht darin, die Zielkosten sinnvoll aufzuspalten. Wenn Sie wissen, dass ein Fahrzeug 9.500 € kosten darf, müssen Sie festlegen, wie viel die Karosserie, das Fahrgestell und der Motor kosten dürfen. Und bei jeder dieser Komponenten müssen Sie weiter spalten: in Materialkosten, Zuliefererteile und Lohnkosten.

> Bei maximaler Ausschöpfung aller Einsparpotenziale bleibt eines selbstverständlich: Das erforderliche Qualitätsniveau muss gehalten werden.

Total Quality Management

Im Mittelpunkt des Total Quality Managements (TQM) steht die Qualität von Produkten und Dienstleistungen. Wenn die Qualität stimmt, stellt sich der ökonomische Erfolg von selbst ein. Wobei Qualität strikt von der Kundenseite her definiert wird, es also nicht um übertriebenen Perfektionismus geht, der unrentabel wäre.

Nachträglich Fehler zu beheben ist erheblich teurer als die Prozesse so zu gestalten, dass (fast) keine Fehler gemacht werden. TQM ist ein langfristig angelegtes, prozessorientiertes Konzept, das die folgenden Elemente umfasst:

- Kundenorientierung: Alle Wertschöpfungsprozesse sind auf den Kunden ausgerichtet.
- Fehlermanagement: Im innovativen Bereich hohe Fehlertoleranz; im Tagesgeschäft gilt das Null-Fehler-Prinzip.
- Kaizen: Alle Prozesse sind ständig zu verbessern.
- Eigenverantwortung der Mitarbeiter: Alle sind für die Qualität verantwortlich.
- „Innerer Kunde": Alle internen Abläufe werden so gestaltet und abgerechnet, als handele es sich um Kundenbeziehungen, das soll für höhere Transparenz und Effizienz sorgen.

Six Sigma

Six Sigma ist ein Begriff aus der Statistik und bezeichnet die sechsfache Standardabweichung innerhalb einer Normalverteilung. Bezogen auf die Unternehmensprozesse heißt das: Bei einer Million Vorgänge darf es maximal 3,4 Fehler geben.

Wenn man von dieser ehrgeizigen Zielsetzung absieht, scheinen die zentralen Elemente von Six Sigma direkt dem Total Quality Management entnommen: kompromisslose Kundenorientierung, Integration in die Unternehmensphilosophie, Gesamtprozessbetrachtung. Auch die Methoden und Werkzeuge sind aus dem TQM vertraut.

Teil 2: Training Management

Die Lösungen zu den nachfolgenden Übungen in diesem Abschnitt finden Sie ab Seite 139.

Die Führungspersönlichkeit

In diesem Kapitel lernen Sie,

* Ihre eigene Persönlichkeit einzuschätzen,
* die Anforderungen an eine Führungskraft zu beurteilen,
* die Rollen einer Führungskraft einzunehmen,
* die Spannungsfelder verschiedener Interessen zu bewältigen.

Darum geht es in der Praxis

In vielen Unternehmen wird derjenige zur Führungskraft ernannt, der wegen seiner langjährigen Erfahrungen und guten Leistungen besondere Erfolge erzielt hat. Ob mit dieser Fachkompetenz auch die notwendige Führungskompetenz verbunden ist, wird nur selten hinterfragt.

Bevor Sie jedoch die Verantwortung für eine Führungsposition übernehmen, sollten Sie wissen, was auf Sie zukommt und ob Sie hierfür geeignet sind. Damit sind folgende Fragen verbunden: Was ist Ihre Einstellung zu typischen Fragen des Führungsalltags? Denken Sie wie erfolgreiche Führungskräfte? Kennen Sie das Profil, das von Führungskräften des mittleren bis oberen Managements verlangt wird? Erfüllen Sie die Anforderungen? Sind Sie sich der Rollenerwartungen bewusst, die typischerweise mit der Führungsposition verbunden sind? Besitzen Sie die notwendigen Eigenschaften, um diesen Führungsrollen gerecht zu werden?

Sie sehen: In diesem Kapitel geht es um eine erste Standortbestimmung. Nur Sie selbst können wirklich einschätzen, ob Sie als Führungskraft geeignet sind. Die Tests und Übungen in diesem Kapitel helfen Ihnen dabei. Denn wer die Anforderungen kennt und sich selbst reflektiert, begibt sich mit den besten Voraussetzungen in den Führungsprozess.

Sind Sie eine Führungspersönlichkeit?

Treffen die folgenden Aussagen auf Sie zu?

	Ja	Nein	Weiß nicht
1. Ich setze mir eigene Ziele und gehe eigene Wege.	☐	☐	☐
2. Mich interessieren andere Menschen.	☐	☐	☐
3. Arbeit ist nicht der Schwerpunkt meines Lebens.	☐	☐	☐
4. Wichtige Arbeiten erledige ich gern selbst.	☐	☐	☐
5. Für die Arbeit anderer möchte ich nicht einstehen.	☐	☐	☐
6. Ich bin ein guter Zuhörer, der andere nicht unterbricht.	☐	☐	☐
7. Menschen wollen in der Regel gute Arbeit leisten.	☐	☐	☐
8. Mein Arbeitsmotto lautet: besser später als nie.	☐	☐	☐
9. Im Team und bei Projekten sporne ich andere an.	☐	☐	☐
10. Ich muss noch viel über Führung lernen.	☐	☐	☐
11. Gute Mitarbeiter befolgen Regeln und sind engagiert.	☐	☐	☐
12. Ich verzeihe Misserfolge, wenn jeder das Beste gegeben hat.	☐	☐	☐
13. Regelbrecher müssen bestraft werden.	☐	☐	☐
14. Ich mag es, Menschen zu zeigen, wo es langgeht.	☐	☐	☐
15. Überstunden sollten vergütet werden.	☐	☐	☐
16. Vorgesetzte sind eher hinderlich als förderlich.	☐	☐	☐
17. Ich kann gut erklären und überzeugen.	☐	☐	☐
18. Von mir selbst verlange ich mehr als von anderen.	☐	☐	☐
19. In schlechten Situationen sehe ich stets das Gute.	☐	☐	☐
20. Bei Problemen frage ich erst nach der Lösung, dann nach der Schuld.	☐	☐	☐

Auswertung

Geben Sie sich einen Punkt, wenn Sie bei den folgenden Aussagen „ja" angekreuzt haben: 2, 6, 7, 9, 10, 11, 12, 13, 14, 17, 18. Geben Sie sich einen Punkt, wenn Sie die folgenden Aussagen verneint haben: 1, 3, 4, 5, 8, 15, 16. Es gibt keine Punkte für Aussagen, die Sie mit „weiß nicht" beurteilt haben.

Bitte bedenken Sie, dass solche Tests Ihre Persönlichkeit nur eindimensional erfassen, und nehmen Sie die Ergebnisse als Hinweise und Gedankenanstöße. Wichtiger ist das Führungsfeedback aus dem Alltag – von Mitarbeitern, Vorgesetzten und Kollegen.

Vor diesem Hintergrund möchten wir die Interpretation des Ergebnisses etwas provokant formulieren: Haben Sie zwischen 15 und 20 Punkten, denken und handeln Sie wie eine gestandene und erfahrene Führungskraft. Bei 9 bis 14 Punkten sollten Sie Ihr Verständnis von Führung hinterfragen, mit dem Verhalten erfolgreicher Führungskräfte abgleichen – und natürlich dieses Buch bearbeiten! Haben Sie weniger als 9 Punkte, ist es vielleicht besser, als Experte die Fachlaufbahn einzuschlagen.

Die Anforderungen kennen

Übung 1: Beschreiben Sie Ihr Profil

Stellen Sie sich vor, Sie möchten einem Personalberater Ihre Unterlagen schicken, weil Sie nach einer neuen Herausforderung als Führungskraft suchen. Um Ihr Profil zu entwerfen, erstellen Sie zunächst eine Stoffsammlung: Sie listen alle Ihre Eigenschaften auf, die Sie für die neue Herausforderung auszeichnen. Die Auflistung fällt Ihnen leichter, wenn Sie diese Eigenschaften nach folgenden vier Bereichen ordnen:

1. Allgemeine Anforderungen

2. Steuerung sozialer Prozesse

3. Systematisches Denken und unternehmerisches Handeln

4. Psychische und physische Voraussetzungen

Finden Sie mehrere Unterpunkte zu jedem der genannten Bereiche, sodass die einzelnen Themenbereiche näher umschrieben werden.

Lösungstipps
- Überlegen Sie: Worin liegen Ihre Stärken? Was können Sie verbessern?
- Sie sind sich nicht sicher, ob Sie selbst dem Anforderungsprofil einer Führungskraft entsprechen? Dann nennen Sie doch einfach die Eigenschaften, die eine Führungskraft Ihrer Meinung nach haben sollte.

Übung 2: Kompetenz zeigen

Sie wurden zum Gespräch mit dem Personalberater eingeladen. Erstaunlicherweise geht er nur sehr kurz auf Ihre fachlichen Kompetenzen ein. Bereits nach einigen Fragen über Ihre Berufserfahrung und Branchenkenntnisse wechselt er das Thema und spricht davon, dass die fachliche Kompetenz des Bewerbers für die zu besetzende Führungsposition nicht so entscheidend ist. Wichtiger sind andere Fähigkeiten:

- ausgezeichnetes Prozess- und Projektmanagement
- exzellente Kommunikationsfähigkeiten
- gutes Konfliktmanagement
- effektives Selbstmanagement

Zu jeder dieser Kompetenzen fragt Sie der Personalberater nach besonderen Kenntnissen und Fertigkeiten. Was antworten Sie?

Prozess- und Projektmanagement

Kommunikationsfähigkeiten

Konfliktmanagement

Effektives Selbstmanagement

Lösungstipps

- Überlegen Sie sich, wozu eine Führungskraft in der Lage sein sollte, um den Führungserfolg im Unternehmen sicherzustellen.
- Denken Sie dabei an besondere Methoden und wichtige Führungsaufgaben.

Übung 3: Kompetenz zeigen

Eine Führungskraft muss verschiedenen Rollen im Unternehmen gerecht werden. Passend zu Ihrer Persönlichkeit werden Sie die eine oder andere Rolle lieber wahrnehmen wollen. Denn für jede dieser Funktionen sind andere Eigenschaften und Verhaltensweisen notwendig. Was passt zu wem?

1. Ordnen Sie die Eigenschaftspaare der jeweiligen Rolle zu:

   Rollentypus: Entwickler – Erhalter – Erfinder – Produzent – Organisator   – Berater – Förderer – Controller

   Eigenschaften: flexibel und kreativ – kreativ und extrovertiert – analytisch und strukturiert – introvertiert und intuitiv – praktisch und introvertiert – intuitiv und flexibel – extrovertiert und analytisch – strukturiert und praktisch

Rollentypus	Eigenschaften

2. Welche Verhaltensweisen zeigen die Rollentypen?

   tatorientiert, meidet Routine – positiv eingestellt und möchte andere entwickeln – gibt Zusammenhalt, Überzeugungen sind ihm wichtig – nicht immer terminbewusst, unabhängig – setzt Pläne in die Tat um, arbeitet effizient – terminbewusst, übt Druck aus – ist gut informiert, tolerant – nicht sehr kontaktfreudig, gründlich

Spannungsfelder bewältigen

Übung 4: Interessen vereinbaren

Der Personalberater möchte wissen, wie Sie mit dem Spannungsfeld umgehen, in dem eine Führungskraft steht. Da sind die Interessen der Unternehmensleitung zu berücksichtigen, die Belange der Mitarbeitergruppe und die Wünsche des einzelnen Mitarbeiters. Zudem verfolgen Sie als Führungskraft auch eigene Interessen, die nicht immer mit den Erwartungen des Unternehmens übereinstimmen.

1. Bilden Sie Gegensatzpaare, die das Spannungsfeld einer Führungskraft charakterisieren:

Eigene Karriere	↔	Förderung der Mitarbeiter
Selbstbestimmung	↔	
Verantwortung gegenüber dem Unternehmen	↔	
Ergebnisorientierung	↔	
Werteorientierung	↔	
Fachkompetenz	↔	
Gleichbehandlung aller Mitarbeiter	↔	
Nähe	↔	

2. Wie sollten Sie die verschiedenen Interessen bei Ihren Entscheidungen gewichten?

Der Führungsprozess

In diesem Kapitel lernen Sie,

- wichtige Führungsaufgaben wahrzunehmen,
- Ziele festzulegen,
- effizient zu planen,
- richtig zu delegieren,
- effektiv zu kontrollieren.

Darum geht es in der Praxis

Als Führungskraft steuern Sie die Prozesse der Zielsetzung, Planung, Delegation und Kontrolle. Folgende Fragen stellen sich Ihnen dabei täglich: An welchen Unternehmenszielen richten Sie Ihren Planungsprozess aus? Welche Prinzipien helfen Ihnen bei der Formulierung und Umsetzung von Zielen? Auf welche Weise treffen Sie Entscheidungen und was bedeutet dies für Ihren Führungsalltag? Wie gestalten Sie Ihre täglichen Führungsaufgaben?

Zunehmend wird Ihr Führungserfolg davon abhängen, inwieweit Sie in der Lage sind, komplexe Projekte effektiv zu strukturieren und zu steuern. Sie sollten also wissen, welche Planungsgrundsätze Ihnen dabei helfen und wie Sie unnötige Risiken und Kosten vermeiden.

Im Gegensatz zum Fachexperten besteht der Alltag eines Managers in der Aufgabendelegation und in der späteren Ergebniskontrolle. Testen Sie Ihre Fähigkeit, angemessen zu delegieren. Wissen Sie, welche Fallstricke Sie dabei vermeiden sollten? Welches Instrumentarium steht Ihnen zur Verfügung, um die einzelnen Prozessfortschritte zu steuern? Und wie kontrollieren Sie Ihre Mitarbeiter, ohne sie dadurch zu demotivieren?

Wenn Sie die Übungen in diesem Kapitel bearbeitet haben, werden Sie die Methoden für Zielsetzung, Planung, Delegation und effektive Mitarbeiterkontrolle besser einsetzen können.

Wichtige Führungsaufgaben kennen

Übung 5: Vage Aufgaben planen

Die Vermittlung war erfolgreich, Sie haben die Stelle bekommen! Wissen Sie, welche konkreten Führungsaufgaben nun auf Sie zukommen? Ordnen Sie die Aufgaben den Bereichen Planung (P), Steuerung (S) und Kontrolle (K) zu.

Führungsaufgaben   **Bereiche**

- Ziele definieren und vereinbaren ☐
- Mitarbeiter beurteilen und Feedback geben ☐
- Aufgaben organisieren, koordinieren, delegieren ☐
- Kosten einhalten ☐
- Mitarbeitern Verantwortung übertragen ☐
- Aufgaben und Maßnahmen ableiten ☐
- Mitarbeiter auswählen, dabei deren Eignung und Motivation beachten ☐
- Probleme analysieren und lösen ☐
- Aufgabenerreichung überwachen ☐
- Entscheidungen fällen ☐
- Soll- und Ist-Analysen durchführen ☐
- Mittel und Ressourcen verteilen ☐
- Korrekturmaßnahmen einleiten ☐
- Freiräume geben ☐
- Informieren, motivieren, fördern, qualifizieren ☐
- Prozessfortschritte überprüfen und optimieren ☐
- Mitarbeiter entwickeln und fördern ☐

Ziele definieren und formulieren

Übung 6: Ziele finden

Sie treten Ihre neue Stelle als Vertriebschef in einem Autohaus mit 250 Angestellten an. Der Vorstand beauftragt Sie, mit Unterstützung eines Projektteams dazu beizutragen, das Unternehmen wieder in die schwarzen Zahlen zu bringen – denn die Nachfrage nach Mittelklasseautos stagniert seit einigen Jahren. Nach kurzer Zeit erkundigt er sich nach dem Fortschritt Ihrer Arbeit. Er weiß, dass Sie gerade erste Ziele herausarbeiten, und möchte, dass Sie diese Ziele den vier wichtigsten Unternehmenszielen zuordnen. Vervollständigen Sie die rechte Spalte auf zwei bis drei Unterziele:

Unternehmensziele	Unterziele
Entwicklungsziele	z. B. Umsatzsteigerung, …
Leistungsziele	z. B. Qualitätsoptimierung, …
Ressourcenziele	z. B. Materialeinsparungen, …
Verhaltensziele	z. B. Motivation, …

Lösungstipps

Wie können Sie die Entwicklung des Unternehmens fördern, die Leistungskraft steigern, die Ressourcen optimieren und die Wettbewerbsfähigkeit des Unternehmens erhöhen?

Übung 7: Ziele SMART formulieren

Bei den Ressourcenzielen haben Sie das Stichwort „Senkung der Kosten" gegeben. Hierfür interessiert sich der Vorstand besonders. Leider ist ihm dieses Unterziel nicht konkret genug. Er bittet Sie, es genauer zu formulieren.

Dabei gibt er Ihnen vor, dass die Kostensenkung erzielt werden soll durch Personalabbau, Verbesserung der Ausschussquote und Verringerung der Fehlzeiten.

Formulieren Sie diese drei Ziele nach der SMART-Formel, die besagt, dass Ziele spezifisch, messbar, anspruchsvoll, realistisch und terminiert sein sollen.

1. Personalabbau

2. Verbesserung der Ausschussquote

3. Verringerung der Fehlzeiten

Lösungstipps

- Legen Sie bei der Zielformulierung bestimmte Erfolgskriterien fest, nach denen die Zielerreichung gemessen werden kann – bei quantitativen Zielen z. B. Stückzahl, Quote, Unter- oder Obergrenze, bei qualitativen Zielen z. B. die einzelnen Prozessschritte wie Konzeption und Implementierung.
- Ziele sollten so formuliert werden, dass sie den Mitarbeiter motivieren und weder über- noch unterfordern.

Übung 8: Ein Zielbündel formulieren

Der Vorstand möchte, dass die Kunden schneller bedient werden. Hierzu schildert er Ihnen folgenden Sachverhalt:

Eine durchschnittliche Durchlaufzeit für Kundenaufträge von zwei Tagen wird vom Kunden nicht mehr akzeptiert. Aus vertraulichen Quellen ist bekannt geworden, dass ein Wettbewerber daran arbeitet, dem Kunden ab dem 1.7. dieses Jahres eine durchschnittliche Durchlaufzeit von 8 Stunden zu garantieren.

Der Vorstand beauftragt Sie, Ziele zu formulieren in Bezug auf:

1. Verkürzung der durchschnittlichen Durchlaufzeiten

2. Festlegung von Höchstbearbeitungszeiten der morgens eingehenden Kundenaufträge

3. Definition von Ausnahmefällen für Höchstbearbeitungszeiten

4. Regelung für Spezialaufträge, bei denen keine Durchlaufzeiten kalkulierbar sind

Lösungstipps
- Formulieren Sie diese Ziele so, dass Sie gegenüber dem Wettbewerber, der eine durchschnittliche Durchlaufzeit von 8 Stunden garantiert, im Vorteil bleiben.
- Geben Sie messbare Zielvorgaben.

Übung 9: Ziele definieren

In Ihrem Unternehmen werden die Ziele einseitig von oben nach unten vorgegeben und hierarchisch von der Geschäftsleitung an die Abteilungen weitergeleitet, also im sog. Top-down-Verfahren. In Anbetracht der eingeschränkten Wettbewerbsfähigkeit des Unternehmens fragt sich der Vorstand, ob diese Vorgehensweise sinnvoll ist. Die Vorgaben sind auf diese Weise zwar widerspruchsfrei und berücksichtigen weitreichende, zukunftsträchtige Aspekte. Allerdings bemerkt die Geschäftsleitung eine geringe Motivation der Mitarbeiter. Mehrere Zielvorgaben mussten zurückgenommen werden, weil sie nicht realitätsnah waren und das Wissen der Mitarbeiter nur unzureichend berücksichtigten.

1. Der Vorstand bittet Sie daher, ihm die Vorteile des sog. Bottom-up-Verfahrens aufzuzeigen, das dem Top-down-Verfahren entgegengesetzt ist.

2. Außerdem möchte er aber noch eine dritte Alternative aufgezeigt bekommen.

Lösungstipps
- Was sind die Vor- und Nachteile eines Bottum-up-Verfahrens im Zielfindungsprozess?
- Versuchen Sie, die Verfahren Top-down und Bottum-up so zu kombinieren, dass Ober- und Unterziele über die hierarchischen Ebenen aufeinander abgestimmt werden können – dann erhalten Sie die dritte Variante.

Richtig planen

Übung 10: Entscheiden und koordinieren

Sie wurden von München nach Düsseldorf versetzt, um dort die Filialleitung zu übernehmen. Sie kennen die Niederlassung von Besuchen. Heute ist Montag, der 22.11. Sie sind um 9 Uhr ins Büro gekommen und müssen es um 9:15 Uhr wegen einer Geschäftsreise verlassen. Erst am Donnerstagmorgen werden Sie zurück sein. Ihre neue Sekretärin, Frau Schnell, ist beim Zahnarzt und wird frühestens heute Mittag zurück sein. In Ihrem Postkorb finden Sie folgende Notizen:

1. Der Marketingleiter Herr Schiller bittet Sie, um 11 Uhr beim Vorstellungsgespräch von Herrn Fontane dabei zu sein. Es gilt, die Stelle eines Vertriebsleiters zu besetzen.

2. Herr Schneider – ein langjähriger Geschäftskunde, der in Liquiditätsschwierigkeiten steckt – hat sich für Dienstag 14 Uhr angemeldet. Es sollen Umschuldungsverhandlungen geführt werden, um Zahlungsausfälle zu vermeiden.

3. EDV-Leiter Tanne bittet Sie, auf dem Führungsmeeting am Freitag, 26.11., ein zusätzliches Budget freizugeben, um die EDV-Anlage zu erneuern. Vorher will er Ihnen noch eine Wirtschaftlichkeitsberechnung vorlegen.

4. Beim Führungsmeeting am 26.11. soll das Personalbudget für die nächsten 2 Jahre verabschiedet werden. Personalleiter Schuster rät Ihnen, 3 Prozent vom vorgeschlagenen Personalsoll zu streichen, da sonst die Kostenziele für das nächste Geschäftsjahr nicht eingehalten werden können, und bittet Sie um eine Entscheidung.

5. Ein Kunde weist Sie auf die noch nicht beglichene Rechnung in Höhe von 35.000 Euro hin und droht mit Klage.

6. Prokurist Becker bittet Sie, zwei Blankoschecks zu unterschreiben, die Sie für eilige Sonderfälle, die über seinem Vollmachtslimit liegen, in Reserve halten.

7. Frau Schnell weist Sie darauf hin, dass am 24.11. in München die Trauung der jüngsten Tochter von Herrn Direktor Braun stattfindet, zu der Sie aber nicht eingeladen sind.

8. Herr Schiller fragt, ob Sie Einwände gegen die Festanstellung von Herrn Fiedler haben. Seine Probezeit läuft am 22. 11. aus. Herr Schiller hält ihn für geeignet, allerdings ist der inzwischen abgelegte Einstellungstest nicht besonders positiv ausgefallen.

9. Die Organisationsberatung Neumann fängt am 23.11. mit der Voruntersuchung für das Umstrukturierungsprojekt an und möchte wissen, wo diese beginnen soll.

10. Ihr Vorgänger Braun beglückwünscht Sie zu der neuen Position und gibt Ihnen einige vertrauliche Informationen: Frau Schnell und Herr Becker verstehen sich nicht und arbeiten gegeneinander. Es gibt anonyme Hinweise, dass Herr Becker nicht zuverlässig ist.

Übung 10: Entscheiden und koordinieren

Schreiben Sie zu jedem Vorgang eine Anweisung, in der Sie zu- oder absagen, delegieren, Termine vereinbaren usw. Setzen Sie Prioritäten, denn Sie haben nur 15 Minuten Zeit!

1.

2.

3.

4.

5.

6.

7.

8.

9.

10.

Übung 11: Produkte entwickeln

Sie werden vom Vorstand beauftragt, sich in das neue Projekt zur Entwicklung und Einführung eines neuen Produkts, eines neuen Navigationssystems, einzubringen. Das Produkt soll erst entwickelt, dann hergestellt und später in den Markt eingeführt werden. In der ersten Projektsitzung geht es um die Planung der notwendigen Prozessschritte. Der Projektleiter, der Leiter der Abteilung Forschung & Entwicklung, spricht dabei von den „üblichen sieben Planungsphasen". Welche Phasen meint er?

1.

2.

3.

4.

5.

6.

7.

Lösungstipps

- Die Herstellung eines neuen Produktes bedeutet eine wirtschaftliche Entscheidung, die in der Praxis vorher genau analysiert wird.
- Sobald die Entscheidung positiv ausfällt, erfolgen die Planungen hinsichtlich der Produktentwicklung. Hier wird in mehreren Schritten ein Produkt geschaffen, das später in Serie geht.
- Mit der Serienfertigung ist noch keine Markteinführung verbunden.

Übung 12: Erste Projektschritte planen

Die Machbarkeitsstudie für die Einführung des neuen Produkts ist positiv ausgefallen. Nun geht es um die Durchführung des Projekts. Bevor das Projekt startet, wird wiederum geplant. Die anstehenden Planungsphasen sind Projektstart, Musterentwicklung und Erstellung eines Prototyps.

Welche Prozessschritte müssen beim Projektstart berücksichtigt werden?

Lösungstipps

- Versuchen Sie, die ersten Projektschritte auf den möglichen Ergebnissen einer Machbarkeitsstudie aufzubauen.
- Denken Sie an die notwendigen Schritte im Rahmen eines effektiven Projektmanagements, bei dem Sie die Fragen nach dem Wer, Was, Wie und Wann beantworten.
- Berücksichtigen Sie auch die Zeit- und Kostenfaktoren.

Übung 13: Projekte planen

Die amerikanische Muttergesellschaft Ihres Unternehmens möchte den gesamten Konzern auf ein einheitliches Computersystem umstellen. Die deutsche Geschäftsführung beschließt, dafür eine Grob- und Feinplanung vorzunehmen. Was ist unter den folgenden Planungsschritten zu verstehen? Vervollständigen Sie die rechte Spalte.

Grobplanung	
Strukturplan	
Arbeitsplan	
Kostenplan	
Meilensteinplan	
Risikoplan	Bewertung von Risiken, evtl. Revision der Planung
Informationsplan	
Feinplanung	
Aktivitätenplan	
Kapazitätenplan	
Ablaufplan	Analyse der Abhängigkeiten
Netzplan	
Meilensteinplan	
Kostenplan	Kosten je Aktivität

Lösungstipps
Erschließen Sie sich die Bedeutung aus dem Wortlaut.

Richtig delegieren

Testen Sie zunächst Ihr Delegationsverhalten:

	Ja	Nein
Wollen Sie überall Ihre Hand im Spiel haben und über alles informiert sein?	☐	☐
Haben Sie Mühe, sich an Prioritäten zu halten?	☐	☐
Diktieren Sie selbst den größten Teil der Korrespondenz, Memos und Berichte, die man Ihnen zur Aktenzeichnung vorlegt?	☐	☐
Müssen Sie sich häufig und dauerhaft beeilen, um wichtige Termine einhalten zu können?	☐	☐
Ist Ihr Schreibtisch überhäuft, wenn Sie von einer Geschäftsreise zurückkommen?	☐	☐
Arbeiten Sie länger als Ihre Mitarbeiter?	☐	☐
Finden Sie für den Notfall keinen Mitarbeiter oder Kollegen, der Sie entlasten kann?	☐	☐
Nehmen Sie regelmäßig Arbeit mit nach Hause?	☐	☐
Fehlt Ihnen die Zeit zur Planung Ihrer Aufgaben und Tätigkeiten?	☐	☐
Wenden Sie Zeit für Routineaufgaben auf, die durch andere erledigt werden können?	☐	☐
Werden Sie oft mit unbeantworteten Fragen und Anfragen zu Besprechungen, laufenden Projekten oder Aufgaben von Ihren Mitarbeitern angesprochen?	☐	☐
Haben Sie kaum Zeit für gesellschaftliche oder repräsentative Verpflichtungen?	☐	☐
Müssen Sie oft wichtige Aufgaben aufschieben, um andere Aufgaben erledigen zu können?	☐	☐
Kennt keiner Ihrer Kollegen und Mitarbeiter Ihre Aufgaben und Tätigkeiten gut genug, um sie notfalls übernehmen zu können?	☐	☐
Befassen Sie sich noch mit Tätigkeiten oder Problemen aus Ihrem letzten Verantwortungsbereich?	☐	☐
Summe der Kreuze	☐	☐

Auswertung

Zählen Sie alle Ja-Antworten zusammen:

- 0 bis 3 Ja-Antworten: Sie delegieren ausgezeichnet.
- 4 bis 7 Ja-Antworten: Sie können Ihr Delegationsverhalten noch in wesentlichen Punkten verbessern.
- 8 und mehr Ja-Antworten: Mit dem Delegieren scheinen Sie sich schwer zu tun.

Übung 14: An wen delegieren?

Im Rahmen des Kostensenkungsprogramms möchte der Vorstand von Ihnen bis morgen Vorschläge haben, wie Sie die Kosten in Ihrer Abteilung um 7 Prozent kürzen können. Da Sie überlastet sind, wollen Sie diese wichtige Aufgabe delegieren. Sie überlegen, an wen:

Frau Maier, die über sehr ausgeprägte analytische Fähigkeiten verfügt, eine Vorliebe für Detailarbeit und die Gabe, Problemen auf den Grund zu gehen. Allerdings kann sie schlecht unter Zeitdruck arbeiten und verliert schnell den Überblick.

Frau Peters, ein kooperativer Teamgeist mit einem Organisationstalent für Termine und Budgets, die allerdings manchmal keine Initiative zeigt und unsicher ist, wenn sie ohne Aufsicht arbeitet.

Herrn Schulz, einem vielseitigen Leistungsträger mit großem Selbstvertrauen, der allerdings dazu neigt, die ihm angetragen Aufgaben an andere weiterzudelegieren, und der kein großes Durchhaltevermögen besitzt.

Frau Maier

Frau Peters

Herrn Schulz

Lösungstipps

Berücksichtigen Sie bei der Delegation neben der Eignung des Mitarbeiters nach seinen Fähigkeiten und Kenntnissen auch das Vertrauen der Führungskraft in die Fähigkeiten des Mitarbeiters.

Übung 15: Geschickt delegieren

Ihre Auswahl ist auf Herrn Schulz gefallen. Sie beabsichtigen, ihn zu einem kurzen Gespräch einzuladen und überlegen sich, was Sie ihm sagen.

1. Würden Sie eines der folgenden Statements abgeben und, wenn ja, warum?
   - „Ich möchte vorschlagen, dass Sie dies hier bearbeiten, wenn Sie dafür Zeit haben. Der Vorstand möchte ein paar Kostensenkungsvorschläge haben." (Informell)
   - „Wir alle denken, dass Sie die richtige Person sind für diese Aufgabe. Wir müssen in unserer Abteilung bis morgen darüber nachdenken, wie wir die Kosten senken können." (Kollektiv)
   - „Ich verrate Ihnen nicht, wie Sie diese Aufgabe lösen. Das überlasse ich Ihnen. Schauen Sie sich einfach die E-Mail des Vorstandes an." (Laissez faire)
   - „Ich möchte, dass Sie mir dies abnehmen und das Beste geben. Sie können sich dabei Frau Peters zur Hilfe nehmen." (Stellvertreter)

2. Wenn nicht, formulieren Sie bitte ein eigenes Statement.

Lösungstipps

Bei der Delegation kommt es darauf an, dass der Mitarbeiter die delegierte Aufgabe gut ausführen kann. Bedenken Sie, was Sie mit der Delegation erreichen wollen.

Effektiv kontrollieren

Übung 16: Mitarbeiter kontrollieren

Herr Sorgsam nimmt seine Kontrollaufgaben als Führungskraft sehr ernst. Er möchte genau wissen, was seine Mitarbeiter machen und macht ihnen genaue Verhaltensvorgaben.

Nach jedem Mitarbeitergespräch macht er sich Notizen, die er sammelt und aufhebt. Täglich sucht er die Arbeitsplätze seiner Mitarbeiter auf und erkundigt sich nach den Fortschritten in den einzelnen Arbeitsvorgängen. Dabei steht er seinen Mitarbeitern mit Rat und Tat zur Seite und hilft bei Problemen.

Frau Beutel empfindet diese Vorgehensweise zu sehr als Kontrolle. Besonders die unangemeldeten Mitarbeiterbesuche stören sie. Einmal hat Herr Sorgsam sogar versucht, heimlich ihren Arbeitsplatz zu inspizieren. Herr Sorgsam hingegen meint, dass er das Recht dazu habe, seine Mitarbeiter zu kontrollieren. Schließlich sei er für deren Arbeitsergebnisse verantwortlich. Er könne nicht davon ausgehen, dass die Mitarbeiter ihre Fehler sofort entdecken. Hat Herr Sorgsam bei der Wahrnehmung seiner Kontrollaufgaben etwas falsch gemacht?

Lösungstipps

Eine personenbezogene Kontrolle verlangt viel Feingefühl und setzt bestimmte Bedingungen voraus.

Übung 17: Prozesse kontrollieren

Controller Fischer hat sich darauf spezialisiert, die Arbeitsprozesse seiner Mitarbeiter zu kontrollieren. Dabei konzentriert er sich auf die Überwachung der Arbeitsergebnisse. Hierzu hat er für jeden Arbeitsgang messbare Ziele, Normen und Standards aufgestellt. Auf einer Wandtafel sind die Abteilungsziele dieser Woche mit den Zuständigkeiten der Mitarbeiter und den einzelnen Prozessfortschritten visualisiert. Der Vorstand ist von diesen Kontrollschritten sehr beeindruckt. Ergänzend schlägt er folgende Maßnahmen vor:

1. Der gesamte Briefverkehr geht über den Schreibtisch des Vorgesetzten.
2. Die Mitarbeiter schreiben regelmäßig Berichte über ihre Aktionen und Ergebnisse.
3. Der Vorgesetzte bestellt seine Mitarbeiter regelmäßig zu einer persönlichen Besprechung.
4. Der Vorgesetzte lädt seine Mitarbeiter dazu ein, jederzeit mit ihm aktuelle Probleme zu besprechen.
5. Die Computer der Abteilung werden miteinander so vernetzt, dass der Vorgesetzte jederzeit Einblick in wichtige Datenbanken des Mitarbeiters nehmen kann.
6. In regelmäßigen Abteilungsbesprechungen wird der Arbeitsfortschritt diskutiert.

Welche Vor- und Nachteile haben diese Maßnahmen?

1.
2.
3.
4.
5.
6.

Die Führungsinstrumente

In diesem Kapitel lernen Sie,

- die wichtigsten Managementkonzepte einzuschätzen,
- Ziele effektiv zu vereinbaren,
- ein Zielvereinbarungsgespräch zu führen,
- die Zielerreichung zu kontrollieren,
- mit Zielabweichungen umzugehen.

Darum geht es in der Praxis

Um den Führungsprozess zu erleichtern, können Sie auf eine Fülle von Managementkonzepten zurückgreifen. Dieses Kapitel bietet Ihnen einen Überblick über die bekanntesten Management-by-Konzepte. Dabei lernen Sie, welche Prinzipien wirklich wichtig sind, worin ihre Vor- und Nachteile liegen und für welche Situation sie angemessen sind.

In der Praxis hat sich das Management-by-Objectives bewährt. Deshalb liegt hier auch der Schwerpunkt des Kapitels. Was heißt es, Mitarbeiter mit Zielen zu führen? Worin besteht der Unterschied zwischen Zielvorgabe und Zielvereinbarung? Welche Ziele sollten Sie vereinbaren? Wie bauen Sie ein Zielvereinbarungsgespräch auf? Mit welchen Methoden kontrollieren Sie die Fortschritte bei der Zielerreichung? Wie gehen Sie mit Zielabweichungen um? Und was tun Sie, wenn unerwartete Probleme auftauchen?

Wenn Sie dieses Kapitel durchgearbeitet haben, kennen Sie die wichtigsten Managementkonzepte und können mit Ihren Mitarbeitern Ziele vereinbaren, die Zielerreichung steuern und die Ergebnisse und Prozesse kontrollieren.

Management-by-Konzepte

Übung 18: Führungsmodelle einschätzen

Die Unternehmensleitung möchte, dass die Mitarbeiter unternehmensweit nach demselben Modell geführt werden. Dafür werden drei unterschiedliche Konzepte diskutiert:

1. Management by Objectives (MbO): Führungskraft und Mitarbeiter arbeiten gemeinsam ein System von Zielen aus, deren Erreichung anhand von Soll-Ist-Vergleichen von der Führungskraft beurteilt und kontrolliert wird.

2. Management by Delegation (MbD): Die Führungskraft gibt den Mitarbeitern einseitig Ziele vor und überträgt die für die Zielerreichung erforderliche Verantwortungs- und Entscheidungskompetenz den Mitarbeitern.

Management by Exception (MbE): Die Führungskraft überlässt den Mitarbeitern die Entscheidungsbefugnis und Verantwortung. Der Vorgesetzte greift nur ein, wenn starke Abweichungen vom angestrebten Ziel auftreten.

Bevor sich die Unternehmensleitung entscheidet, welches Konzept für den Führungsalltag geeignet ist, möchte sie die Vor- und Nachteile dieser Modelle aufgezählt haben.

1. Management by Objectives	
Vorteil	
Nachteil	
2. Management by Delegation	
Vorteil	
Nachteil	
3. Management by Exception	
Vorteil	
Nachteil	

Lösungstipps

Alle drei Führungsmodelle haben das gleiche Ziel, können sich aber unterschiedlich auf die Motivation auswirken.

Übung 19: Konzepte anwenden

Welches Managementkonzept wenden die Führungskräfte in den folgenden Situationen an?

1. Der Vorstand möchte das Geschäftsergebnis um 7 Prozent verbessern. Er überlässt es den Führungskräften, auf welche Weise sie dieses Ziel erreichen wollen. Jeder soll für seinen Verantwortungsbereich Vorschläge erarbeiten, die dann mit dem Vorstand besprochen werden. Dieser möchte auch ein Kontrollinstrument haben, um die einzelnen Schritte der Zielerreichung verfolgen zu können.

2. Herr Schindler leitet die Kreditabteilung einer Bank. Seine Mitarbeiter sind gut eingearbeitet und beherrschen die Routinearbeit. Deshalb möchte er sich nicht mehr mit den Freigaben einzelner Anträge befassen und seinen Mitarbeitern mehr Handlungsspielraum geben. Nur wenn der Antrag eine bestimmte Kredithöhe überschreitet, will er gefragt werden.

3. Herr Kunz ist für den Bereich der Produktion an vier verschiedenen Standorten zuständig. Durch einen Brand kam es zu einem Produktionsausfall in einem Werk in Südafrika. Um sich einen Überblick über den genauen Sachverhalt zu verschaffen, schickt Herr Kunz den Ingenieur Neugebauer nach Johannesburg. Er soll den Vorfall eigenverantwortlich überprüfen und vor Ort alles in die Wege leiten, um die Produktion wieder in Gang zu setzen.

Führen durch Zielvereinbarung

Übung 20: Mitarbeiterziele vereinbaren

Die Geschäftsleitung hat Sie beauftragt, den Markteintritt in China vorzubereiten. Im Vorfeld der jährlichen Zielvereinbarungsgespräche überlegen Sie, welche Ziele Sie mit Ihren Mitarbeitern vereinbaren können, um die Leistungsfähigkeit der Abteilung in Bezug auf das China-Projekt zu steigern. Finden Sie jeweils ein ganz konkretes Beispiel für folgende Zielarten:

- Standard- und Routineziele, also Ziele, die zu Ihrem beruflichen Aufgabenbereich zählen,
- Problemlösungsziele, also Ziele, die sich zum Beispiel auf die Behebung von Engpässen beziehen,
- Innovationsziele, also Ziele, die dazu dienen, Neuerungen und Verbesserungen einzuführen,
- Entwicklungsziele, also Ziele, die helfen, Ihre Kenntnisse und Fähigkeiten zu erweitern und zu verbessern.

Zielart	Beispiele
Standard- und Routineziele	
Problemlösungsziele	
Innovationsziele	
Entwicklungsziele	

Lösungstipps

- Unabhängig von den Unternehmenszielen sollten Sie einige abteilungsinterne Ziele vereinbaren, um die Funktionsfähigkeit der Gruppe zu steigern.
- Dabei sollten Sie auch die Bedürfnisse und Wünsche des einzelnen Mitarbeiters berücksichtigen.

Zielvereinbarungsgespräche führen

Übung 21: Gespräche richtig aufbauen

Sie bitten den Mitarbeiter Sasse zum Zielvereinbarungsgespräch. Herr Sasse ist im Verkauf tätig und leitet selbstständig den Bereich Südostasien. Die Unternehmensstrategie sieht vor, die Umsätze im Bereich von Herrn Sasse bis zum Ende des Jahres um 10 Prozent zu steigern. Auch dies soll Inhalt des Gesprächs sein.

Das Zielvereinbarungsgespräch unterteilen Sie in drei Phasen:

1. Eröffnungsphase
2. Bewertungsphase
3. Vereinbarungsphase

Formulieren Sie für jede Phase einen typischen Einleitungssatz.

	Beispiele
Eröffnungsphase	
Bewertungsphase	
Vereinbarungsphase	

Lösungstipps
- Vereinbaren Sie vorgegebene Unternehmensziele mit dem Mitarbeiter so, dass sie auch motivierend wirken.
- Stimmen Sie dazu gemeinsame Arbeitsziele für einen bestimmten Aufgabenbereich und Zeitraum ab.

Die Zielerreichung kontrollieren

Übung 22: Wen wie kontrollieren?

Herr Schmidt leitet die IT-Abteilung eines Großunternehmens. In seinem Verantwortungsbereich arbeiten 18 Mitarbeiter. Eigentlich ist diese Führungsspanne zu groß. Deshalb hat er drei Teamleiter eingesetzt, die jeweils für sechs Mitarbeiter verantwortlich sind. Das diesjährige Abteilungsziel besteht unter anderem darin, die Zufriedenheit der internen Kunden mit den Serviceleistungen der IT-Abteilung zu erhöhen. Dafür hat Herr Schmidt mit seinen Teamleitern besondere Zielvereinbarungen getroffen, die in Form von Aktionsplänen auf jeden Mitarbeiter heruntergebrochen wurden.

Herrn Schmidt ist bekannt, dass ein Outsourcing der IT-Dienstleistungen zur Diskussion steht, falls es ihm nicht gelingen sollte, die Servicequalität seiner Abteilung zu steigern. Deshalb legt er besonderen Wert auf die Kontrolle der Zielerreichung.

1. Worauf sollte Herr Schmidt achten, um das Verhalten der Teamleiter, die Effektivität in der Mitarbeitergruppe und die Leistung der einzelnen Mitarbeiter zu beurteilen?
2. Welche Kontrollmöglichkeiten stehen ihm zur Verfügung?

1. Mögliche Beurteilungskriterien

2. Kontrollmöglichkeiten

Mit Zielabweichungen umgehen

Übung 23: Problemlösung definieren

Ihr Unternehmen baut einen neuen Produktionsstandort in China auf. Für den termin- und budgetgerechten Aufbau der ersten Produktionshalle ist Herr Ruf verantwortlich. Vor Ort hat er seinen besten Mitarbeiter eingesetzt. Spätabends erreicht ihn ein Telefonanruf aus China. Sein Mitarbeiter meldet einen Notfall. Die Verbindung ist so schlecht, dass er nur einige Wortfetzen versteht wie „Unwetter" – „Ausfall eines Lieferanten" – „Bauverzögerung". Danach bricht die Verbindung ab.

Welche Fragen stellt er seinem Mitarbeiter bei einem Rückruf?

	Fragen
Problem	
Zielzustand	
Lösungsansätze	
Analogien	
Entscheidung	
Aktionsplan	

Der Führungsstil

In diesem Kapitel lernen Sie,

- Ihr Führungsverhalten einzuschätzen,
- den Zusammenhang zwischen Führungsstil und Menschenbild zu verstehen,
- den angemessenen Führungsstil anzuwenden,
- Ihren Führungsstil auf die Mitarbeiter einzustellen,
- ein Führungsfeedback durchzuführen.

Darum geht es in der Praxis

Bevor Sie sich mit den unterschiedlichen Führungsstilen auseinandersetzen, ist es wichtig, dass Sie sich über Ihr eigenes Führungsverhalten bewusst werden: Geht Ihr Führungsstil einseitig in die eine oder andere Richtung? Kennen Sie die Auswirkungen, die Ihr Stil auf das Verhalten der Mitarbeiter haben kann?

Dieses Kapitel gibt Ihnen einen Überblick über die verschiedenen Führungsstile und ihre Anwendungsmöglichkeiten. Welche Führungsstile gibt es? Wie wirkt sich das Menschenbild der Führungskraft auf die Mitarbeiterführung aus? Welche Faktoren beeinflussen das Führungsverhalten des Vorgesetzten? Sollten Sie besser autoritär, kooperativ oder liberal führen?

Wie werden Mitarbeiter mit mäßiger Kompetenz und schwankendem Engagement geführt? Welche Regeln gelten für Mitarbeiter mit wenig Kompetenz und wenig Engagement?

Nach der Bearbeitung dieses Kapitels wissen Sie, was die Mitarbeiter von Ihnen erwarten und welchen Führungsstil Sie in bestimmten Situationen anwenden sollten. Sie verfügen dann über das nötige Instrumentarium, um Ihre Mitarbeiter sicher, souverän und individuell zum Erfolg zu führen.

Welcher Führungstyp sind Sie?

Reflektieren Sie zuerst Ihr eigenes Führungsverhalten. Nehmen Sie dazu folgende Selbsteinschätzung vor:

	– –	–	+	+ +
Wollen Sie überall Ihre Hand im Spiel haben und über alles informiert sein?	☐	☐	☐	☐
Haben Sie Mühe, sich an Prioritäten zu halten?	☐	☐	☐	☐
Ich gebe meinen Mitarbeitern regelmäßiges Feedback über deren Leistungsstandard.	☐	☐	☐	☐
Regelmäßig beurteile ich die Mitarbeiterleistung nach klaren Kriterien.	☐	☐	☐	☐
Zwischen mir und meinen Mitarbeitern besteht ein grundsätzliches Vertrauensverhältnis.	☐	☐	☐	☐
Ich arbeite zukunftsorientiert und berücksichtige kommende Anforderungen in meinem Verantwortungsbereich.	☐	☐	☐	☐
Das Führungsleitbild des Unternehmens setze ich aktiv um und lebe es meinen Mitarbeitern vor.	☐	☐	☐	☐
Über die Strategie und Visionen des Unternehmens informiere ich meine Mitarbeiter regelmäßig.	☐	☐	☐	☐
Meine Mitarbeiter fördere ich, damit sie als Experten mehr fachliches Wissen haben als ich.	☐	☐	☐	☐
Aufgaben kann ich delegieren, ohne meine Mitarbeiter während der Aufgabenbearbeitung dauernd zu kontrollieren.	☐	☐	☐	☐
Zur Weiterentwicklung meiner Mitarbeiter gebe ich ihnen Aufgaben, die sie noch nicht vollständig beherrschen.	☐	☐	☐	☐
In meinem Verantwortungsbereich kommen die Strategien von mir, ich bin aber nicht in jede operative Entscheidung eingebunden.	☐	☐	☐	☐
Ich fördere immer die gegenseitig offene und konstruktive Kommunikation.	☐	☐	☐	☐

Auswertung

- Sollten Sie sich vier Mal oder öfter extrem in die eine oder andere Richtung bewertet haben, ist Vorsicht geboten.

- Vergleichen Sie Ihre Extrembewertungen miteinander. Sehen Sie einen Zusammenhang? Was sagen Ihnen diese Gemeinsamkeiten über die allgemeine Tendenz Ihres Führungsverhaltens? Was bedeutet das für Ihre Mitarbeiter?

Führungsstile kennen

Übung 24: Stilsicher führen

Das Unternehmen möchte bis zum Jahresende ein neues Computerprogramm einführen. Mit der Konzeption und Implementierung wird die IT-Abteilung beauftragt. Im Rahmen der Testphasen der PC-Umstellung sind einige Entscheidungen zu treffen, die der Leiter, Herr Schmidt, entweder selbst treffen oder seinen Mitarbeitern überlassen kann.

1. Wie würde jeweils ein Vorgesetzter vorgehen, der mit folgendem Stil führt?

Autoritär	
Patriarchalisch	
Beratend	
Kooperativ	
Partizipativ	
Demokratisch	

2. Welchen Stil bevorzugen Sie und warum?

Lösungstipps

Die hier aufgeführten Führungsstile unterscheiden sich durch die Möglichkeit des Mitarbeiters, auf den Entscheidungsprozess Einfluss zu nehmen, inwieweit also die Entscheidungsbefugnis allein beim Vorgesetzten oder ganz bei den Mitarbeitern liegt.

Menschenbild und Führungsstil

Übung 25: Menschenbilder erkennen

Die beiden Führungskräfte Eisen und Pfister arbeiten im selben Unternehmen, vertreten aber unterschiedliche Menschenbilder.

Herr Eisen glaubt, dass der Durchschnittsmensch eine Abneigung gegen die Arbeit hat und daher versucht, sie möglichst zu vermeiden. Seine intellektuellen Fähigkeiten nutzt er nicht voll aus, da er träge denkt und unproduktiv ist. Der Mitarbeiter will Verantwortung abwälzen. Er entwickelt wenig Ehrgeiz, verlangt nach Sicherheit und möchte sich vor allem wie die Mehrheit der Menschen verhalten.

Herr Pfister hingegen meint, dass sich der Durchschnittsmensch gerne in seiner Arbeit verwirklicht. Scheu vor Verantwortung, Mangel an Ehrgeiz und Sicherheitsdenken sind lediglich die Folgen schlechter Erfahrungen. Einfallsreichtum und Kreativität finden sich weit öfter, als man allgemein annimmt.

Wie wirken sich diese Menschenbilder auf den jeweiligen Führungsstil von Herrn Eisen und Herrn Pfister aus?

Herrn Eisen

Herrn Pfister

Lösungstipps

Stellen Sie sich vor, was Mitarbeiter brauchen würden, wenn das jeweilige Menschenbild zutreffend wäre.

Übung 26: Wer sollte hier führen?

Der 45-jährige Herr Karl arbeitet an der Verpackungsanlage einer großen Fabrik. Dort verrichtet er monotone Arbeitsvorgänge. Er ist mit dieser Tätigkeit, die er schon seit 15 Jahren ausübt und bei der er nicht viel denken muss, ganz zufrieden. Die Arbeit geht ihm leicht von der Hand. Er ist froh, dass er nur einen kleinen überschaubaren Arbeitsplatz hat und keine Verantwortung für einen größeren Arbeitsprozess übernehmen muss.

Im Rahmen einer Umstrukturierung bekommt er einen neuen Vorgesetzten. Es ist nur noch zu entscheiden, ob er Herrn Eisen zugeteilt wird, der seine Mitarbeiter sehr eng führt (X-Typ), oder Herrn Pfister, der seiner Mitarbeitergruppe große Entfaltungsspielräume lässt (Y-Typ).

Würden Sie Herrn Karl Herrn Eisen oder Herrn Pfister aus der vorherigen Übung zuteilen? Begründen Sie Ihre Entscheidung sowohl mit dem Führungsstil des Vorgesetzten als auch mit der Arbeitseinstellung Herrn Karls.

Lösungstipps

- Die Theorie X und Theorie Y nach McGregor lässt sich nicht einseitig in einen „guten" und „schlechten" Führungsstil aufteilen.
- Ob ein Führungsstil erfolgreich ist, hängt unter anderem von der Persönlichkeit des geführten Mitarbeiters ab.

Führungsstile anwenden

Übung 27: Wer sollte hier führen?

Herr Schmidt hat sich als Leiter der IT-Abteilung verdient gemacht. Mit seinem Führungsstil trug er wesentlich dazu bei, dass sich in kurzer Zeit ein besserer Teamgeist in der Abteilung entwickelte. Herr Schmidt achtet auf das Wohlergehen seiner Mitarbeiter und behandelt alle gleichberechtigt. Er setzt sich für seine Abteilung ein und legt großen Wert darauf, dass seine Mitarbeiter jederzeit zu ihm kommen können und ein gutes Arbeitsklima besteht.

Inzwischen hat sich die wirtschaftliche Situation des Unternehmens verschlechtert: Auch in der IT-Abteilung stehen Umstrukturierungen mit Personalabbau an.

Der Vorstand ist sich nicht ganz sicher, ob Herr Schmidt mit seinem mitarbeiterorientierten Führungsstil hierfür die richtige Person ist. Er ist auf der Suche nach einer Führungskraft, die unangenehme Entscheidungen gegen die Mitarbeiter durchsetzen kann und die Abteilung in schwierigen Zeiten rein ergebnisbezogen führt.

1. Beschreiben Sie den aufgabenorientierten Führungsstil, der hier gefragt ist.

2. Welchen Führungsstil würden Sie für diese Situation empfehlen?

Übung 28: Wer führt besser?

Herr Stein, Herr Zabel und Herr Thiele streiten sich darüber, wer von ihnen den besten Führungsstil hat.

Herr Stein führt seine Mitarbeiter autoritär, hält sich von der Gruppe fern und führt aus einer großen Distanz mit Befehlen, ohne auf die Bedürfnisse der Mitarbeiter einzugehen.

Herr Zabel bevorzugt einen kooperativen Führungsstil. Er geht auf die Bedürfnisse seiner Mitarbeiter ein und ermutigt sie zur Beteiligung. Allerdings beeinflusst die Gruppenmeinung auch sein Entscheidungsverhalten.

Herr Thiele führt seine Mitarbeiter sehr liberal. Er gibt ihnen bestimmte Ziele vor und gewährt bei Nachfragen die notwendige Unterstützung. Ansonsten hält er sich aus den Gruppenprozessen heraus.

Dem Vorstand ist der Führungsstil seiner Führungskräfte egal. Wichtig sind ihm nur:

1. gute Arbeitsleistung
2. gutes Gruppenklima
3. hohe Motivation der Mitarbeiter

Wie wirken sich die unterschiedlichen Führungsstile der drei Führungskräfte auf diese Punkte aus?

Herr Stein

Herr Zabel

Herr Thiele

Übung 29: Individuell führen

Wie sollten Sie die folgenden vier Mitarbeiter Ihrer Abteilung jeweils führen?

1. Frau Paul ist demotiviert. Aufgrund einer Umstrukturierung und einer schlechten Leistungsbeurteilung ist ihr Arbeitsbereich verkleinert worden. Sie hat seitdem keine Begeisterung mehr für die Arbeit, macht häufig Flüchtigkeitsfehler und arbeitet streng nach Vorschrift.

2. Herr Behrens zeigt viel Engagement in seinem Aufgabengebiet, das er erst vor einigen Monaten übernommen hat. Um gute Leistungen zu erbringen, fehlt ihm allerdings noch die notwendige Kompetenz.

3. Frau Becker zeigt mäßige Kompetenz und schwankendes Engagement. Sie hat zwar selbstständig ein neues Verkaufsprodukt eingeführt. Ab und zu häufen sich allerdings Kundenbeschwerden.

4. Herr Sebastian ist Leistungsträger in Ihrer Gruppe. Er möchte immer mehr Verantwortung übernehmen und zeigt sehr hohes Engagement sowie große Kompetenz.

Frau Paul

Herr Behrens

Frau Becker

Herr Sebastian

Führungsfeedback durchführen

Übung 30: Feedback holen und auswerten

Die Unternehmensleitung hat angeregt, das Führungsverhalten durch die Mitarbeiter beurteilen zu lassen. Abteilungsleiter Rasch ist von der Idee begeistert und setzt sie sofort um:

1. Er entwirft einen Beurteilungsbogen mit den Kriterien Kommunikation, Information, Konflikt- und Problemlösung. Jeder Punkt lässt sich mit JA oder NEIN bewerten.
2. Danach ruft er seine Mitarbeiter zusammen und fordert sie auf, den Feedbackbogen namentlich auszufüllen.
3. Er sammelt die Bögen ein und wertet sie persönlich aus.
4. Die Ergebnisse stellt er seinen Mitarbeitern vor und bittet um konkrete Vorschläge zur Verbesserung seines Führungsverhaltens.
5. Aus den Vorschlägen nimmt er einen Hinweis heraus und versucht ihn in den nächsten Wochen zu berücksichtigen.

Herr Rasch hat Fehler beim Beurteilungsbogen, bei der Auswertung, bei den Verbesserungsvorschlägen und bei der Umsetzung gemacht. Welche sind es?

1. Beurteilungsbogen

2. Befragungsmodalität

3. Auswertung

Übung 30: Feedback holen und auswerten

4. Verbesserungsvorschläge

5. Umsetzung

Lösungstipps

Ziel ist es, auch schüchterne Mitarbeiter zu einer Beurteilung zu veranlassen. Dabei sollen möglichst umfangreiche Vorschläge für die Verbesserung des Führungsverhaltens gewonnen werden.

Führungssituationen

In diesem Kapitel lernen Sie,

- mit einem Führungswechsel umzugehen,
- Mitarbeiter erfolgreich zu motivieren,
- richtig zu informieren und Besprechungen zu leiten,
- Leistungen fair und treffend zu beurteilen,
- bei Kündigungen angemessen vorzugehen.

Darum geht es in der Praxis

Im Führungsalltag begegnen Ihnen klassische Führungssituationen: angefangen von der Übernahme einer Führungsposition in einem fremden Bereich oder Unternehmen über Information, Motivation und Leistungsbeurteilung Ihrer Mitarbeiter bis hin zur Trennung von Mitarbeitern.

Diese Fragen stellen sich für Sie dabei: Auf was sollten Sie achten, wenn Sie eine neue Mitarbeitergruppe übernehmen? Wie finden Sie heraus, wer für Sie wichtig oder gefährlich sein kann? Wann leiten Sie erste Veränderungen ein und wie gehen Sie dabei vor?

Sind Ihre Mitarbeiter gut motiviert? Wie vermitteln Sie schlechte Nachrichten, ohne die Mitarbeiter dadurch zu demotivieren? Behalten Sie in Besprechungen die Kontrolle, auch wenn es heiß hergeht? Wie beurteilen Sie fair und trotzdem realistisch? Und was müssen Sie beachten, wenn Sie einen Mitarbeiter entlassen sollen?

Dieses Kapitel macht Sie fit für den Führungsalltag. Die Übungen vermitteln Ihnen das nötige Handwerkszeug, um auch in unangenehmen Situationen stets souverän und professionell aufzutreten.

Wenn Sie den Posten wechseln

Übung 31: Anforderungen kennen

Das jetzige Unternehmen kann Ihnen keine weiteren Karrierechancen bieten. Sie haben sich deshalb erfolgreich bei der Konkurrenz beworben und übernehmen in drei Monaten die Position eines Abteilungsleiters. Wenn Sie die Stelle antreten, ist Vorsicht geboten, denn zwischen Führung und Führungswechsel gibt es wesentliche Unterschiede. Bilden Sie Gegensatzpaare, die diese Unterschiede charakterisieren:

Führung	↔	Führungswechsel
Ziele haben	↔	
entscheiden	↔	
Probleme lösen	↔	
handeln	↔	
Klarheit	↔	
überzeugen durch gute Arbeit	↔	
das Richtige tun	↔	

Lösungstipps

Wo die Führungskraft, die schon länger im Unternehmen oder in der Abteilung ist, Fakten schafft, muss sich die Führungskraft, die das Unternehmen oder die Abteilung wechselt, zunächst in einer eher beobachtenden, fragenden und suchenden Position bewegen.

121

Übung 32: Im Unternehmensnetzwerk orientieren

Um sicherzugehen, dass Sie die Probezeit überstehen, hat Ihnen der Personalberater empfohlen, sich in der Orientierungsphase zunächst mit der Unternehmenskultur, den wichtigsten Regeln und dem Selbstverständnis des Unternehmens vertraut zu machen. Besonders wichtig sei das Herausarbeiten des informellen Netzwerkes, um zu wissen, welche Personen für Ihren Führungserfolg wichtig sind. Hierzu zählen Meinungsmacher, Vorgesetzte und zuarbeitende Abteilungen. Aber auch Kollegen, die ehemals Abteilungen leiteten und Vorgänger in anderen Abteilungen. Ebenso sind Kollegen wichtig, die Sie bei Ihrer Zielerreichung unterstützen können sowie Entscheidungsträger in relevanten Nachbarabteilungen.

Sie haben sich mit dem Vorstand zu einem informellen Gespräch verabredet, um einen Überblick über die wichtigsten Schlüsselpersonen zu erhalten.

1. Welche Fragen würden Sie stellen?

2. Welche Schlüsselpersonen könnten Ihnen gefährlich werden?

Lösungstipps

Überlegen Sie, wer im Unternehmen unterschiedliche Interessen haben könnte und welche Gruppen es gibt, die untereinander konkurrieren.

Übung 33: Den Wechsel meistern

Wie gehen Sie mit folgenden Situationen um?

1. Ihre Mitarbeiter sind über Ihre Einstellung überrascht, da in dem Unternehmen ein genereller Einstellungsstopp besteht. Zudem sind Sie als Seiteneinsteiger aus einer fremden Branche dem Team vorgesetzt worden. Die Mitarbeiter sind irritiert, vermuten eine enge Beziehung zur Unternehmensleitung und zweifeln daher an Ihrer fachlichen Kompetenz.

2. Bereits am ersten Tag Ihres Führungswechsels stellen Sie fest, dass man Ihnen beim Vorstellungsgespräch etwas verheimlicht hat. Der alte Vorgesetzte ist im Unternehmen geblieben und führt nun als Kollege eine andere Abteilung.

3. Herr Nowak, ein kompetenter und engagierter Mitarbeiter der Abteilung, hat sich heimlich Hoffnungen auf die ausgeschriebene Position gemacht. Sie wissen noch nicht, wie Sie ihn einschätzen sollen.

4. In der Abteilung ist viel liegen geblieben. Das Image der Abteilung ist schlecht, die Mitarbeiter sind demotiviert.

Lösungstipps
- Beachten Sie, dass in der Orientierungsphase Ihr Verhalten von den Mitarbeitern sehr skeptisch beurteilt wird.
- Bedenken Sie, dass kleine Aussagen und Gesten eine große Wirkung entfalten können.

Übung 34: Veränderungen einleiten

Bereits nach zwei Wochen bittet Sie der Vorstand zu sich und fragt, welche Veränderungen Sie einleiten möchten. Sie stellen ihm folgendes Konzept vor, das vier Phasen enthält.

1. Themen- und Zielfindung: Was soll verändert werden?
2. Visionsentwicklung: Wo soll es hingegen?
3. Umsetzung: Wie wird die Veränderung erreicht?
4. Rückmeldung: Wie werden die Fortschritte kontrolliert?

Hier merkt der Vorstand Folgendes an:

1. „Konzentrieren Sie sich bei der Themenfindung auf die Dauerprobleme, die Ihr Vorgänger nicht lösen konnte."
2. „Bei der Visionsentwicklung können Sie auf unsere Unternehmensvision zurückgreifen. So sparen Sie viel Zeit."
3. „Setzen Sie möglichst viele Ideen in den nächsten Wochen um und geben Sie Ihren Mitarbeitern vor, was sie zu tun haben."
4. „Melden Sie mir regelmäßig Ihre Prozessfortschritte. Das reicht als Rückmeldung."

Wie bewerten Sie die Statements des Vorgesetzten, wenn es darum geht, als neue Führungskraft Veränderungen im Unternehmen einzuführen?

1. Themen- und Zielfindung:

2. Visionsentwicklung

Übung 34: Veränderungen einleiten

3. Umsetzung

4. Rückmeldung

Intelligent motivieren

Übung 35: Kennzahlen der Motivation

Sie haben den Eindruck, dass etwas an der Motivation der Mitarbeiter nicht stimmt. Sie bemerken einen gleichgültigen Umgangston am Telefon gegenüber Kunden und Mitarbeitern. Den Mitarbeitern scheint es an Humor zu fehlen. Kritische Witze über die Unternehmenskultur machen sich breit. Bei abteilungsinternen Besprechungen herrschen Zurückhaltung und Distanz. In persönlichen Gesprächen zeigen die Mitarbeiter eine pessimistische Zukunftseinschätzung und üben Kritik an der Arbeit, den Kollegen und den Vorgesetzten. Während der täglichen Arbeit berufen sich die Mitarbeiter auf betriebliche Regelungen und machen pünktlich Dienstschluss.

Der Vorstand kann mit Ihren Beobachtungen nicht viel anfangen. Er legt Wert auf objektiv belegbare Fakten und schickt den Controller zu Ihnen. Dieser hat sofort bemerkt, dass seine Kennzahlen für eine fehlende Motivation in Ihrer Abteilung sprechen. Wie kommt er darauf?

Kennzahlen messen die Mitarbeitermotivation

Lösungstipps

Ein schlechter Umgangston gegenüber Kunden oder Unzufriedenheit mit der Tätigkeit oder dem Vorgesetzten wirken sich z. B. auf Arbeitsqualität und -quantität aus. Nennen Sie Tatsachen, z. B. Anstieg von ... oder Rückgang von ..., an denen sich dies messen lässt.

Übung 36: Motivation oder Hygiene?

Ohne das Vorhandensein von sogenannten Hygienefaktoren können Mitarbeiter überhaupt nicht motiviert werden. Hygienefaktoren dienen also zur Vermeidung von Unzufriedenheit. Nur dann können auch die sogenannten Motivatoren greifen. Deshalb spielt diese Unterscheidung im Führungsalltag eine wichtige Rolle.

Der Vorstand möchte, dass Sie in Ihrem Verantwortungsbereich die Hygienefaktoren der Motivation untersuchen. Dazu nennt er Ihnen einige Stichworte. Einige dieser Punkte sind jedoch keine Hygienefaktoren, sondern Motivatoren – treffen Sie eine Zuordnung:

Aufstiegsmöglichkeiten – Verantwortung – Betriebsklima – zwischenmenschliche Beziehungen – Firmenpolitik – persönliche Weiterbildung – interessante Tätigkeit – Aufstiegsmöglichkeiten – Führungsverhalten – Entgelt/Sozialleistungen – Anerkennung – Sicherheit – Leistung, Erfolge – Möglichkeit, etwas zu leisten

Motivatoren	Hygienefaktoren
•	•
•	•
•	•
•	•
•	•
•	•

Übung 37: Auf Bedürfnisse eingehen

Finden Sie zu jeder der folgenden Bedürfnisarten betriebliche Mittel, mit denen ein Unternehmen auf diese eingehen kann:

- Bedürfnisse nach Selbstverwirklichung
  wie Wissen erwerben, Zusammenhänge erkennen, seine Persönlichkeit ausdrücken

- Bedürfnisse nach Differenzierung
  wie Anerkennung, Lob, Statussymbole, sich von anderen differenzieren

- Bedürfnisse nach sozialer Geltung
  wie Kontakt zu anderen Menschen und Identifikation mit einer Gruppe

- Bedürfnisse nach Sicherheit
  wie wirtschaftliche Sicherheit, Schutz vor Gefahren und das Bestehen von Normen und Gesetzen

- Physiologische Grundbedürfnisse
  wie Essen, Trinken, Schlafen, Kleidung und Wohnung

Übung 38: Werteorientiert motivieren

Auf einem Führungsseminar haben Sie gehört, dass es für die Motivation der Mitarbeiter sehr wirkungsvoll ist, wenn sie die Möglichkeit erhalten, ihre Werte im beruflichen Kontext zu leben. Deshalb unterhalten Sie sich mit Ihren Mitarbeitern über das, was sie gerne tun und fragen danach, was es für sie bedeutet.

1. Frau Köhler verbringt ihren Urlaub am liebsten zu Hause bei ihrer Familie, die sie dann mit voller Aufmerksamkeit umsorgen kann. Es bedeutet für sie Sicherheit, Ordnung und Anerkennung.
2. Frau Bauer hat Spaß am Reisen. Sie liebt daran das Unterwegssein, die Spannung und Abwechslung und die ständig neuen Situationen, auf die sie sich einstellen muss.
3. Herr Huber ist ein Marathonläufer. Er mag den Wettkampf und den Sieg über seine Mitbewerber.
4. Herr Möller fährt Motorrad. Es gibt ihm das Gefühl von Freiheit und die Gelegenheit, seine Grenzen auszutesten.

Welche Hinweise auf Werte finden Sie in den Vorlieben dieser vier Mitarbeiter?
Wie können Sie ihnen jeweils ermöglichen, diese Werte auch im Arbeitsalltag auszuleben?

Frau Köhler

Frau Bauer

Herr Huber

Herr Möller

Gezielt kommunizieren

Übung 39: Wie informieren?

Entscheiden Sie bei den folgenden Veränderungen, vor denen Ihr Unternehmen steht, wer informiert werden soll und in welchen Fällen ein einseitiges, ein Dialog- oder ein Feedbackmittel angebracht ist. Geben Sie jeweils ein Beispiel für ein geeignetes Kommunikationsmittel.

1. Unternehmensweit soll das Personal um 7 Prozent abgebaut werden. Genaue Pläne liegen noch nicht vor.

2. Vorstand Meier scheidet zum Jahresende aus.

3. Noch vor Dezember soll die Produktion nach Ungarn verlagert werden.

4. Ein nicht profitabler Unternehmensbereich soll verkauft werden. Ein Käufer wird gesucht.

5. Die Unternehmensleitung möchte die Zufriedenheit der Mitarbeiter mit dem Managementstil erfragen.

6. Man überlegt, ein neues Vergütungssystem einzuführen.

Lösungstipps

Informiert die Geschäftsleitung über die finanzielle Situation, kann dies einseitig durch Rundschreiben und E-Mails geschehen. Wirkt sich die Maßnahme auf den konkreten Arbeitsplatz aus, sind Feedback und Dialog angebracht. Informationen über sensible Entscheidungen, die noch nicht spruchreif sind, bleiben im Topmanagement.

Übung 40: Negative Nachrichten mitteilen

Ihre Vorbildfunktion als Führungskraft gebietet es, auch in schwierigen Situationen stets Zuversicht und Kraft auszustrahlen. Negative Nachrichten werden deshalb immer positiv formuliert.

Drücken Sie folgende Aussagen motivierend aus:

1. Anlässlich eines Kostensenkungsprogramms werden die Business-Klasse-Tickets für die leitenden Angestellten abgeschafft.

2. Wegen der schlechten Situation des Unternehmens müssen die Arbeitnehmer auf das Weihnachtsgeld verzichten. Der Betriebsrat ist damit einverstanden, um Entlassungen zu verhindern.

3. Im Unternehmen müssen betriebsbedingt 15 Prozent des Personals abgebaut werden.

Lösungstipps

- Für die Übermittlung negativer Nachrichten hat sich die sogenannte Sandwich-Technik bewährt: Dabei wird die schlechte Mitteilung zwischen zwei guten Nachrichten verpackt und präsentiert, sodass jeweils am Anfang und am Ende eine positive Aussage steht.
- Vermeiden Sie die Verwendung negativ besetzter Wörter wie zum Beispiel „Kostenreduzierung", „Verzicht" oder „Entlassung".

Übung 41: Besprechungen leiten

Im Führungsalltag sollten Sie auf schwierige Besprechungssituationen unter Zeitdruck vorbereitet sein. Wie reagieren Sie, wenn

1. die Diskussion stagniert oder vom Thema abweicht?

2. die Diskussion so kontrovers wird, dass eine Einigung unmöglich wird?

3. Einzelne um des Redens willen den Fortgang der Diskussion aufhalten?

4. die Mitarbeiter schweigen und nur Sie reden lassen?

5. persönliche Konflikte ausgetragen werden?

Lösungstipps

- Formulieren Sie, wenn nötig, noch einmal präzise das Problem und die Zielsetzung der Besprechung sowie die Entscheidungskriterien. Stellen Sie sicher, dass alle Teilnehmer das Problem verstanden haben und die Zielsetzung akzeptieren.
- Steuern Sie durch motivierende W-Fragen.
- Achten Sie darauf, dass wichtige Informationen nicht verloren gehen.
- Fassen Sie zusammen und leiten Sie Aktionen ein.

Übung 42: Feedback richtig geben

Herr Weiß ist ein Leistungsträger in Ihrer Abteilung. In letzter Zeit hat sein Engagement jedoch stark nachgelassen. Er ist unpünktlich, wirkt unkonzentriert und macht viele Flüchtigkeitsfehler. Dadurch entstehen Reklamationen und ein zusätzlicher Bearbeitungsaufwand in der Abteilung. Bei der letzten Mitarbeiterbesprechung stellte Frau Müller ein neues Computersystem vor. Dabei fiel ihr Herr Weiß ins Wort: „Sie haben doch keine Ahnung von dem, was Sie hier vortragen. Das System ist unbrauchbar. Aber Neulinge wie Sie wissen mal wieder alles besser." Sie bitten ihn zum Einzelgespräch.die Diskussion stagniert oder vom Thema abweicht?

1. Beginnen Sie mit einer Beschreibung seiner 5 Fehlleistungen und erwähnen Sie dabei die Folgen.

2. Wie würden Sie das Gespräch daraufhin weiterführen?

3. Was würden Sie falsch machen, wenn Sie ihm zu seiner Kritik an Frau Müller folgendes Feedback geben: „Bei der Besprechung vor zwei Wochen haben Sie sich wieder einmal sehr unkollegial verhalten. Sie haben Frau Müller beleidigt. Sie sind ein schwieriger Mitarbeiter. Ihre Reaktionen waren unangemessen und schaden dem Teamverhalten in unserer Abteilung. Ich möchte, dass Sie sich demnächst anders verhalten."

Lösungstipps

Sie sollten das konkrete Fehlverhalten klären, die Lösungen ohne Bewertung suchen und Maßnahmen vereinbaren.

Leistungen treffend beurteilen

Übung 43: Beurteilungsfehler vermeiden

Nach den Mitarbeitergesprächen erhält Personalleiter Frigo die Leistungsbeurteilungen der Mitarbeiter durch ihre Vorgesetzen. Er vermutet hinter jeder einen Beurteilungsfehler der jeweiligen Führungskraft. Wie lautet er jeweils?

1. Herr Huber ist schlecht beurteilt worden, da er gleich zu Beginn seiner Probezeit an drei Aufgaben scheiterte.

2. Herr Anton, den der Vorgesetzte selten sah, wurde mittelmäßig bewertet.

3. Im Vergleich zu Frau Müller, einer Spitzenkraft, fiel die Bewertung von Herrn Schmitz, einem Durchschnittsmitarbeiter, verhältnismäßig schlecht aus.

4. Führungskraft Jost, der großen Wert auf Fehlersuche und -findung legt, bewertete einen Mitarbeiter, der gut zu arbeiten schien, durchschnittlich.

5. Vorgesetzter Gerken, der niemandem Steine in den Weg legen will, beurteilte alle seine Mitarbeiter positiv.

6. Dagegen beurteilte der Vorgesetzte Kleinschmidt alle seine Mitarbeiter mittelmäßig.

7. Auf Nachfrage begründet der Vorgesetzte Scholz, der seit fünfzehn Jahren im Unternehmen arbeitet, seine negative Beurteilung eines Mitarbeiters mit dessen zu kurzer Berufserfahrung.

Übung 44: Merkmalsbezogen beurteilen

Die Geschäftsleitung möchte unternehmensweit ein einheitliches Beurteilungssystem einführen. In einem an die Führungskräfte gerichteten Brief wird folgender Beurteilungsbogen vorgestellt, der in Ihrem Bereich Anwendung finden soll:

	1	2	3	4	5
Arbeitsquantität					
Arbeitsqualität					
Arbeitstempo					
Termintreue					
Belastbarkeit					
Flexibilität					
Zuverlässigkeit					
Eigeninitiative					
Teamverhalten					
Kostenbewusstsein					

1. Der Vorstand möchte von Ihnen eine kurze Stellungnahme für die Vor- und Nachteile dieser Beurteilungsform.

2. Im Führungskreis ist der Einsatz dieses Beurteilungsbogens umstritten. Einige Kollegen vertreten die Ansicht, dass er für kaufmännische Mitarbeiter gar nicht zutrifft. Stimmt das?

3. Wie könnte ein anderes Verfahren vorgehen, nach dem Sie in der Praxis vorwiegend Führungskräfte bewerten?

Übung 45: Beurteilungsgespräch führen

Sie haben den Eindruck, dass das Leistungsgefälle zwischen Ihren Mitarbeitern in letzter Zeit zunimmt. Um die Schwachstellen zu identifizieren, beschließen Sie, mit jedem Mitarbeiter ein gesondertes Beurteilungsgespräch zu führen. Sie beginnen mit Herrn Buck.

Herr Buck sollte bis Jahresende ein neues Abrechnungssystem in der Buchhaltung einführen. Den Termin konnte er nicht einhalten. Allerdings scheint das von ihm ausgewählte System alle Erwartungen zu übertreffen. Nach der Einführung des Systems soll Herr Buck für dessen Einführung auch in den Tochtergesellschaften werben. Auch die anderen Leistungsziele hat er fast erreicht. Er konnte Synergieverluste in der Zusammenarbeit mit anderen Abteilungen aufdecken und vermeiden. Von fünf angestrebten Innovationsvorschlägen reichte er vier ein und verbesserte sein Englisch mit einem Intensivsprachkurs, sodass er sich jetzt fließend mit den ausländischen Tochtergesellschaften verständigen kann.

In welchen fünf Schritten bauen Sie das Beurteilungsgespräch mit Herrn Buck auf?

1. Schritt

2. Schritt

3. Schritt

4. Schritt

5. Schritt

Lösungstipps

Bei einer Beurteilung zählt nicht nur der momentane Leistungsstatus des Mitarbeiters, sondern auch die Ursachen für diesen Status und Maßnahmen für seine Verbesserung.

Trennungsmanagement beherrschen

Übung 46: Kündigungen aussprechen

Aufgrund der schlechten finanziellen Lage des Unternehmens hat der Vorstand Sie beauftragt, vier Mitarbeitern aus Ihrer Abteilung betriebsbedingt zu kündigen.

Nach sorgfältiger Abwägung und Rücksprache mit der Personalabteilung sind Sie zu dem Ergebnis gekommen, dass Sie die Kündigung gegen Herrn Huber, Herrn Anton, Frau Müller, und Frau Jeuken aussprechen müssen. Obwohl Sie alle vier Mitarbeiter schätzen, lässt die momentane schlechte wirtschaftliche Lage Ihrem Unternehmen keine Wahl.

Am Abend vor dem Ausspruch der Kündigung können Sie nicht einschlafen. Die ganze Nacht denken Sie über eine professionelle und möglichst schonende Methode nach, um das Trennungsgespräch zu führen. Wie werden Sie das Gespräch aufbauen?

1.

2.

3.

Lösungstipps

Teilen Sie das Gespräch in die folgenden groben Schritte ein: Übermittlung der Trennungsentscheidung, auf Reaktionen des Mitarbeiters eingehen, die nächsten Schritte festlegen.

Übung 47: Mit Reaktionen umgehen

Nachdem Sie Ihre Vorbereitungen getroffen haben, laden Sie Ihre vier Mitarbeiter nacheinander zu dem Gespräch in den Konferenzraum ein. Bereits unmittelbar nach der Verkündung der Trennungsentscheidung stellen Sie fest, dass Ihre Mitarbeiter sehr unterschiedlich reagieren. Wie gehen Sie mit den unterschiedlichen Reaktionen der Mitarbeiter um?

1. Nachdem Sie Herrn Huber die Trennungsentscheidung mitgeteilt haben, haut er auf den Tisch und fragt: „Wer hat das entschieden? Ich will sofort den Vorstand sprechen!" Er wird wütend und aggressiv. „Wie können Sie mir das antun?"

2. Ganz anders verhält sich Frau Müller. Sie zeigt sich enttäuscht, hält ihre Tränen zurück und beherrscht ihre Emotionen. Zaghaft fragt Sie lediglich: „Und was wird aus Frau Jeuken? Ist sie auch gekündigt worden?"

3. Herr Anton ist schockiert. Er starrt vor sich hin, zeigt keinerlei Reaktionen und wirkt wie versteinert. Alles, was um ihn herum passiert, nimmt er anscheinend gar nicht mehr wahr.

4. Nur Frau Jeuken reagiert problemlos. Sie tut so, als ob sie die Trennung schon erwartet hätte, zeigt Verständnis für die Unternehmensentscheidung und fragt danach, welche Möglichkeiten sie nun hat.

Lösungen zu den Übungen

Lösung 1

1. Allgemeine Voraussetzungen
   - Allgemeinbildung
   - Fachwissen
   - Fremdsprachen
   - Weiterbildungsbereitschaft

2. Steuerung sozialer Prozesse
   - Kontakt- und Kommunikationsfähigkeit
   - Informationsverhalten
   - Kooperationsfähigkeit
   - Überzeugungskraft, Durchsetzung

3. Systematisches Denken und unternehmerisches Handeln
   - abstraktes, zielorientiertes und strategisches Denken
   - gutes Planungs-, Kontroll- und Arbeitsverhalten
   - Initiative und Entscheidungsverhalten
   - Kreativität und Fantasie

4. Psychische und physische Voraussetzungen
   - physische Ausgeglichenheit
   - Stressbelastbarkeit
   - Sicherheit im Auftreten

Praxistipps
- Idealerweise wird diese Matrix mit einer drei- bis fünfstufigen Skala versehen, mit der das Unternehmen eine Gewichtung der Merkmale vornehmen kann.
- Während des Erstgespräches wird sich ein Personalberater oder Headhunter vorwiegend für die drei bis fünf wichtigsten Kriterien interessieren.

Lösung 2

Idealerweise würden Sie jeweils einen oder zwei der folgenden Punkte nennen:

Prozess- und Projektmanagement
- Instrumente der Informationsverarbeitung
- Problemlösungstechniken
- Kreativitätsmethoden
- Instrumente zur Entscheidungsfindung

Kommunikationsfähigkeiten
- Gesprächs- und Verhandlungsführung
- Feedback geben und nehmen
- Anerkennen und Motivieren
- Delegieren

Konfliktmanagement
- Führen von gruppendynamischen Prozessen
- Arbeiten mit Widerständen
- Kenntnis von Konfliktverläufen
- Strategien der Konfliktlösung

Selbstmanagement
- Stressbewältigung
- Zeitmanagement

Lösung 3

1. Rollen/Eigenschaftspaare*

Rollentypus	Eigenschaftspaare
Entwickler	extrovertiert, analytisch
Erhalter	introvertiert, intuitiv
Erfinder	flexibel, kreativ
Produzent	strukturiert, praktisch
Organisator	analytisch, strukturiert
Berater	intuitiv, flexibel
Förderer	kreativ, extrovertiert
Controller	praktisch, introvertiert
*Rollenaufteilung nach Margerison/McCann	

2. Verhaltensweisen:

Der Entwickler ist tatorientiert und meidet Routine. – Der Erhalter gibt Zusammenhalt und ihm sind Überzeugungen wichtig. – Der Erfinder ist nicht immer terminbewusst und liebt die Unabhängigkeit. – Der Produzent setzt Pläne in die Tat um und arbeitet effizient. – Der Organisator ist terminbewusst und übt Druck aus. – Der Berater ist stets gut informiert und tolerant. – Der Förderer ist positiv eingestellt und möchte andere entwickeln – Der Controller ist nicht sehr kontaktfreudig und arbeitet sehr gründlich.

Praxistipps
- Überlegen Sie, welche Rolle Sie am liebsten wahrnehmen. Versuchen Sie, die Ihnen unangenehmen Rollen auf andere geeignete Mitarbeiter zu verteilen.
- In welchen Rollen sehen Sie die Unternehmensleitung, die Vorgesetzten, Kollegen und Mitarbeiter?

Lösung 4

1. Spannungsfeld Führung:

Eigene Karriere	↔	Förderung anderer (Mitarbeiter)
Selbstbestimmung	↔	Fremdbestimmung
Unternehmensverantwortung	↔	Mitarbeiterverantwortung
Ergebnisorientierung	↔	Methodenorientierung
Werteorientierung	↔	Zielorientierung
Fachkompetenz	↔	Sozialkompetenz
Gleichbehandlung aller Mitarbeiter	↔	Berücksichtigung von Leistungsunterschieden
Nähe	↔	Distanz

Ihr Erfolg als Führungskraft hängt unter anderem davon ab, inwieweit es Ihnen gelingt, dieses Spannungsfeld auszuhalten und eine Lösung zu finden, bei der alle Interessen berücksichtigt werden.

2. Umgang mit den Widersprüchen:

Gute Führungskräfte lösen diese Widersprüche auf, indem sie zuerst die Unternehmensinteressen in den Vordergrund stellen, dann die Mitarbeiterbelange berücksichtigen und zuletzt an ihre eigenen Wünsche denken.

Lösung 5

Planung	• Ziele definieren und vereinbaren
	• Aufgaben und Maßnahmen ableiten
	• Mitarbeiter auswählen, dabei deren Eignung und Motivation beachten
Steuerung	• Aufgaben organisieren, koordinieren, delegieren
	• Mittel und Ressourcen verteilen
	• Mitarbeitern Verantwortung übertragen
	• Freiräume geben
	• Informieren, motivieren, fördern, qualifizieren
	• Probleme analysieren und lösen
	• Entscheidungen fällen
Kontrolle	• Aufgabenerreichung überwachen
	• Soll- und Ist-Analysen durchführen
	• Prozessfortschritte überprüfen und optimieren
	• Kosten einhalten
	• Korrekturmaßnahmen einleiten
	• Mitarbeiter beurteilen und Feedback geben
	• Mitarbeiter entwickeln und fördern

Praxistipps

Jede Managementaufgabe wird in diesen Prozessschritten geplant, gesteuert und kontrolliert.

Lösung 6

Entwicklungsziele	• Steigerung des Umsatzes
	• Einführung einer neuen Marketingstrategie
Leistungsziele	• Steigerung des Umsatzes
	• Optimierung der Qualität
Ressourcenziele	• Einsparungen an Material und Energien
	• Optimierung der Durchlaufzeiten
	• Reduzierung der Ausschussquote
	• Senkung der Produktionskosten
Verhaltensziele	• Steigerung der Mitarbeitermotivation
	• Verbesserung der Kommunikation und Information

Praxistipps

Die Ziele des Unternehmens leiten sich ab aus dessen Philosophie, Grundsätzen und Aufgaben. Die innere Situation und die Umwelt des Unternehmens beeinflussen wesentlich seine aktuelle Zielsetzung.

Lösung 7

Personalabbau: „Reduzierung der unternehmensweiten Mitarbeiterstellen um 15 Prozent bis zum 31. Dezember dieses Jahres"

Verbesserung der Ausschussquote: „Senkung der Abfallrate um 7 Prozent in den Produktionsstätten München und Bamberg bis zum 30. September dieses Jahres"

Verringerung der Fehlzeiten: „Senkung des Krankheitsstandes bei den Produktionsmitarbeitern um 2 Prozent bis zum 31. Dezember dieses Jahres"

Praxistipps

Beachten Sie die SMART-Formel:

S	Spezifisch	W-Fragen: Wer? Was? Wann?
M	Messbar	Angabe von • Erfolgskriterien und • messbaren Einheiten
A	Anspruchsvoll	Wichtig für • die Motivation und • Leistungssteigerung
R	Realistisch	Ziele sollten • erreichbar sein und • keine Über- oder Unterforderung darstellen
T	Terminiert	In der Zielformulierung soll ein Endtermin genannt werden.

Lösung 8

1. Die durchschnittliche Durchlaufzeit wird bis zum 30.6. dieses Jahres auf 6 Stunden verkürzt.

2. Alle Kundenaufträge für die Produkte A und B, die bis 10 Uhr eingehen, verlassen unser Unternehmen am gleichen Tag vor 14 Uhr und werden in der Regel noch am gleichen Tag dem Kunden angeliefert.

3. Nur in seltenen Ausnahmefällen (weniger als 0,1 %) kann akzeptiert werden, dass ein Kundenauftrag für Katalogteile länger als drei Tage in unserem Unternehmen verweilt.

4. Durchlaufzeiten für Spezialanfertigungen werden nicht berücksichtigt. Sie unterliegen auch weiterhin der individuellen Vereinbarung mit dem Kunden.

Praxistipps

• Hier handelt es sich um ein Zielbündel, bei dem ein Oberziel „Erhöhung der Kundenzufriedenheit" durch die Definition mehrerer Unterziele erreicht wird.

• Bei der Zielformulierung hilft das sogenannte magische Zieldreieck: Leistung, Kosten, Termine. In der Regel bilden sie den Kern der vorgegebenen Zielanforderungen. Alle drei Ziele werden nur selten im vollen Umfang erreicht.

Lösung 9

1. Bottom-up-Verfahren: Beim Bottum-up-Verfahren erfolgt die Zielbildung von unten nach oben, von den Mitarbeitern zur Unternehmensleitung. Dies hat eine erhöhte Motivation der Mitarbeiter zur Folge, die sich einbezogen fühlen und ihr Wissen mit einbringen können. Dadurch werden die Zielsetzungen realitätsnäher.

   Allerdings kommt es beim Bottum-up-Verfahren leicht zu auseinanderstrebenden Meinungen, die zentrifugale Kräfte auslösen können. Den Mitarbeitern fehlt oft der Blick für die Unternehmenszusammenhänge. In der Regel sind sie mehr vergangenheits- als zukunftsorientiert. Deshalb ist diese Vorgehensweise für die Bildung unternehmensweiter Ziele nicht optimal.

2. Gegenstromverfahren (Zielheuristik): Aus der Erkenntnis, dass keines der beiden Verfahren ideal ist, wurde eine Kombination entwickelt: das Gegenstromverfahren. Bei diesem Verfahren wird von der Geschäftsleitung zum Beispiel das Oberziel „Produkteinführung bis zum 31.12." vorgegeben. Dieses Ziel wird den anderen Abteilungen wie F&E, Produktion, Marketing/Vertrieb, Rechtsabteilung usw. bekannt gemacht mit der Aufforderung, dazu Stellung zu nehmen. Oft wissen die übergeordneten Ebenen nicht, was auf den unteren Ebenen benötigt wird. Die Rückkopplung nach oben findet in mehreren Abstimmungsvorgängen statt.

Lösung 10

1. Bewerber: Personalleiter Schuster soll mit Marketingleiter Schiller gemeinsam das Bewerbungsgespräch führen mit anschließender schriftlicher Beurteilung.
2. Umschuldungsverhandlungen: Frau Schnell bitten, den Termin mit Begründung zu verlegen.
3. EDV-Anlage: Frau Schnell bitten, vor dem Führungsmeeting am 26.11. einen Termin mit Herrn Tanne zu vereinbaren wegen vorheriger Rücksprache.
4. Personalbudget: Frau Schnell soll den Abteilungsleiter über den Vorschlag von Herrn Schuster informieren und um Vorschläge bitten, die vom Personalleiter für das Meeting aufbereitet und mit seiner eigenen Stellungnahme versehen werden.
5. Rechnung: An die Buchhaltung delegieren mit der Bitte um Klärung des Vorganges und Rücksprache mit dem Kunden.
6. Blankoschecks: Schecks nicht unterschreiben, da Sie nur drei Tage unterwegs sind und wichtige Zahlungsangelegenheiten bis dahin warten können. Beachten Sie auch die Information aus dem Schreiben Ihres Vorgängers (Vorgang 10).

7. Hochzeit: Frau Schnell bitten, eine Glückwunschkarte zu besorgen und im Auftrag der Filialleitung zu unterschreiben.

8. Probezeit: Herrn Schiller anrufen und den Sachverhalt persönlich klären, insbesondere die Einwände und den nicht bestandenen Test. Hierbei Personalleiter Schuster mit einbeziehen. Im Zweifel die Entscheidung dem Fachvorgesetzten überlassen. Beachten Sie: Nach Ablauf der Probezeit ist eine Trennung nur unter den erschwerten Bedingungen des Kündigungsschutzgesetzes möglich. Deshalb ist hier Eile geboten.

9. Organisationsberatung: Personalleiter Schuster mit der Koordination beauftragen. Da Organisationsentwicklung auch in die Personalentwicklung eingreift, ist das Personalmanagement für die Prozessbegleitung zuständig. Die inhaltliche Begleitung erfolgt durch die Fachabteilungen, sodass Herr Schuster für eine Abstimmung zwischen den Abteilungsleitern sorgen muss.

10. Vertrauliche Informationen: Frau Schnell: Nach Rückkehr Termin zum Einzelgespräch mit Prokurist Becker vereinbaren. Kurz danach Gesprächstermin mit Frau Schnell.

Lösung 11

Klassische Planungsschritte bei der Produkteinführung sind:

1. Machbarkeitsstudie
2. Projektstart mit umfassender Projektplanung
3. Musterentwicklung
4. Erstellung eines Prototyps
5. Serienfertigung
6. Serie
7. Markteinführung

Praxistipps

- Bei der Erstellung einer Machbarkeitsstudie stellen sich z. B. folgende Fragen: welches Problem besser gelöst werden sollte, wie das Nutzungspotenzial/der Vorteil eingeschätzt wird, wie die Kosten eingeschätzt werden, wie hoch der zeitliche Aufwand ist, welche Durchsetzungsmöglichkeiten am Markt gegeben sind usw.
- Die klassischen Planungsschritte bei der Produkteinführung lassen sich auch auf nichttechnische Produkte und Dienstleistungen anwenden. Statt der Musterentwicklung und Erstellung eines Prototyps wird zunächst ein Pilotprojekt gestartet, das bei Erfolg in die Serie geht bzw. am Markt eingeführt wird.

Lösung 12

Der Projektstart gliedert sich in folgende Arbeitsschritte:
- Projektteam bilden (Mitarbeiter für das Projekt freistellen)
- Anforderungen von Technik und Markt konkretisieren
- Lösungswege aufzeigen
- Vergleich der Anforderungen mit den Lösungswegen
- Durchführbarkeitsstudie detaillieren (Strategie/Kosten/Zeit)
- Übersicht aller erforderlichen Aktivitäten erarbeiten
- Aktivitäten strukturieren und bezüglich Kosten und Zeit bewerten
- Aktionen in einen Balkennetzplan übertragen

Praxistipps
- An den Projektstart schließt sich die Phase der Musterentwicklung an, die folgendermaßen geplant werden sollte: Muster im Labor entwickeln, Zwischen- und Prüfbericht mit Kostenplanung erstellen, Produktionsanforderungen festlegen, Qualitätsprüfung, beste Lösungsalternativen gegenüberstellen und auswählen, Patentprüfung.
- Phase 3 ist die Erstellung eines Prototyps mit den Schritten Prototyp entwickeln, Prototyp prüfen, Ergebnisbericht erstellen, vorläufiges Vertriebskonzept erstellen, Vorläufiges Fertigungskonzept erstellen, Kosten-, Investitions- und Ergebnisrechnung erstellen.

Lösung 13

Grobplanung	
Strukturplan	Gesamtdarstellung der Arbeitspakete
Arbeitsplan	Wer ist wie an den Arbeitspaketen beteiligt?
Kostenplan	Schätzung und Abstimmung der Kapazitäten und Kosten
Meilensteinplan	Definition der Termine von Projektzwischenergebnissen
Risikoplan	Bewertung von Risiken, evtl. Revision der Planung
Informationsplan	Information und Dokumentation
Feinplanung	
Aktivitätenplan	Zerlegung der Arbeitspakete in Aktivitäten
Kapazitätenplan	erforderliche Kapazitäten und deren Dauer
Ablaufplan	Analyse der Abhängigkeiten
Netzplan	Anfangs- und Endtermine der Aktivitäten
Meilensteinplan	Ermittlung kritischer Aktivitäten und Definition der jeweiligen Arbeitsziele
Kostenplan	Kosten je Aktivität

Lösung 14

Eine Delegation an Frau Maier hätte den Vorteil, dass sie sehr gut das Kernproblem der Kosteneinsparungen analysieren und aufbereiten könnte, um darauf aufbauend Vorschläge zu erarbeiten. Da sie aber nicht stressbelastbar ist und die Vorschläge sofort erarbeitet werden müssen, scheidet eine Delegation an sie aus.

Frau Peters hat ein Talent für Budgets und könnte gute Vorschläge erarbeiten. Dagegen spricht allerdings, dass sie sich ohne Aufsicht nicht sicher fühlt.

Herr Schulz könnte als Leistungsträger die Aufgabe übernehmen, da sie kein langfristiges Engagement erfordert. Seine Neigung zur Weiterdelegation kommt ihm hierbei noch zugute, da er dann Rücksprache mit Frau Peters halten könnte.

Praxistipps

Fach- und sachbezogene Leistungsaufgaben können delegiert werden, zum Beispiel die Ausarbeitung des Kostensenkungsprogramms oder die Organisation und Steuerung der notwendigen Umsetzungsmaßnahmen. Mitarbeiterbezogene Führungsaufgaben hingegen sollte die Führungskraft selbst wahrnehmen, z. B. die Entscheidung für ein konkretes Konzept, die Kontrolle des Gesamtprozesses einschließlich der Einleitung notwendiger Korrekturmaßnahmen sowie die Verantwortung für das Gesamtergebnis.

Lösung 15

1. Keines dieser Statements ist für eine Delegation geeignet. Denn Herr Schulz sollte alles erfahren, um die Aufgabe gut ausführen zu können. Hierzu müssten Sie auf die sechs W-Fragen der Delegation eingehen:
   - Was: Was ist zu tun? Welches Ergebnis wird angestrebt? Welche Teilaufgaben sind zu erledigen? Welche Abweichungen vom Soll können in Kauf genommen werden? Welche Schwierigkeiten sind zu erwarten?
   - Wer: Wer ist an dem Ergebnis beteiligt? Wer soll bei der Ausführung mitwirken?
   - Warum: Welchem Zweck dient die Aufgabe? Was passiert, wenn die Arbeit nicht oder unvollständig ausgeführt wird?
   - Wie: Wie soll vorgegangen werden? Welche Verfahren und Vorschriften sind zu beachten? Welche Kosten dürfen entstehen?
   - Womit: Welche Hilfsmittel sollen eingesetzt werden?
   - Wann: Wann soll die Arbeit begonnen und beendet werden? Welche Zwischentermine sind einzuhalten? Wann sollen die Fortschritte überprüft werden?

2. Die Delegation ließe sich so formulieren: „Herr Schulz, wir benötigen ein Konzept aus dem hervorgeht, wie wir die Kosten in unserer Abteilung bis Jahresende um 7 Prozent senken können. Als Experten auf diesem Gebiet überlasse ich es Ihnen, wie Sie dabei vorgehen. Bringen Sie Ihr Konzept morgen zur Mitarbeiterbesprechung um 15 Uhr mit.

Lösung 16

Herr Sorgsam ist für die Arbeitsergebnisse seiner Mitarbeiter verantwortlich und muss daher auch seine Kontrollaufgaben als Führungskraft wahrnehmen. Allerdings nimmt er die Kontrollen zu häufig vor und manchmal auch hinter dem Rücken des Mitarbeiters, was schnell als Misstrauen und Vertrauensbruch gewertet werden kann. Fraglich ist auch, ob er bei der Kontrolle mit dem nötigen Taktgefühl auftritt, da er die Fehlersuche in den Vordergrund stellt.

Praxistipps
- Kontrollieren Sie nicht zu häufig, um die Mitarbeiter nicht zu demotivieren.
- Kontrollieren Sie nicht zu selten, weil dann sehr schnell Nachlässigkeit eintreten kann.
- Geben Sie den Mitarbeitern klare Verhaltensziele vor, z. B. für das Beschwerdemanagement mit Kunden.
- Gehen Sie bei der Kontrolle freundlich, sachlich und mit Taktgefühl vor, damit der Mitarbeiter Ihr Verhalten nicht als persönlichen Angriff empfindet.
- Achten Sie auf die Einhaltung der Verhaltensregeln und nehmen Sie eigenmächtige Änderungen der Anweisungen nicht hin. Dulden Sie auch keine Abweichungen, da diese schnell zu einer neuen Norm werden.

Lösung 17

1. Kontrolle des Schriftwechsels
   Vorteil: vollständige Information über alle schriftlichen Fakten –
   Nachteil: Misstrauen gegenüber Mitarbeiter

2. Regelmäßige schriftliche Berichte
   Vorteil: Klarheit der Mitarbeiter über die erreichten Fortschritte –
   Nachteil: kann bei geschickter Formulierung des Mitarbeiters über Probleme hinwegtäuschen

3. Regelmäßige persönliche Gespräche
   Vorteil: informeller Austausch über aktuelle Geschehnisse und rasche Problemerkennung –
   Nachteil: kann bei ungeschickter Gesprächsführung schnell als Leistungsdruck empfunden werden

4. Open door Policy
   Vorteil: jederzeitige Mitarbeiterunterstützung und Hilfestellung –
   Nachteil: Gefahr, dass sich der Mitarbeiter lieber auf die Vorschläge des Vorgesetzten verlässt, als selbst aktiv zu werden

5. PC-Online-Zugang

   Vorteil: sofortiger Einblick in wichtige Daten – Nachteil: alleinige Kenntnis dieser Daten vermittelt ein unvollständiges Bild der aktuellen Situation

6. Regelmäßige Abteilungsgespräche

   Vorteil: Diskussion wichtiger Probleme aus unterschiedlichen Perspektiven – Nachteil: Gefahr der Rückdelegation von Problemen

Lösung 18

1. Management by Objectives

Vorteil	• Entlastung der Führungskraft • Mitwirkung und Motivation beim Mitarbeiter • Klare Regelung der Verantwortlichkeiten
Nachteil	• Zielkonflikte sind leicht möglich • Überkontrolle und Totalüberwachung • Zeitaufwendiger Prozess der Zielvereinbarung und –überwachung

2. Management by Delegation

Vorteil	• Wie beim MbO Entlastung der Führungskraft • Motivationsschub des Mitarbeiters
Nachteil	• Gefahr von bürokratischen Strukturen und Unflexibilität • Verstärktes Zuständigkeits- und Abteilungsdenken

3. Management by Exception

Vorteil	• Entlastung der Führungskraft bei Routineaufgaben • Selbstständiges Arbeiten der Mitarbeiter
Nachteil	• Unklare Regelungen können zu Spannungen führen • Eingreifen des Vorgesetzten nur bei negativen Abweichungen, dadurch eventuell Demotivation der Mitarbeiter

Lösung 19

1. MbO: Hier macht der Vorstand zwar die Vorgabe, dass eine Ergebnisverbesserung um 7 Prozent zu erreichen ist (Management by Results). Allerdings wird über das „Wie" eine Zielvereinbarung getroffen, die durch einen Soll-Ist-Vergleich kontrolliert werden kann.

2. MbE: Herrn Schindlers Eingreifen ist nur in Ausnahmefällen notwendig, wenn der Kreditantrag eine bestimmte Summe übersteigt.

3. MbD: Herr Kunz gibt seinem Mitarbeiter einseitig das Ziel vor, die Produktion wieder in Gang zu setzen und überträgt ihm hierzu alle notwendigen Kompetenzen.

Praxistipps

Weitere Management-by-Konzepte sind weitgehend Bestandteil anderer Führungssysteme und stellen somit keine selbstständigen Konzepte dar:
- Management by Results (Führung durch Zielvorgaben)
- Management by Participation (Führung durch Beteiligung)
- Management by Motivation (Führung durch Motivation)
- Management by Ideas (Führung durch Unternehmensidentifikation)
- Management by Systems (Führung durch Informations- und Entscheidungssysteme)
- Management by Information (Führung durch Information)
- Management by Innovation (Führung durch ständige Verbesserungen).

Lösung 20

Beispiele für Abteilungs- und Mitarbeiterziele sind:

Zielart	Beispiel
Standard- und Routineziele	Konzeption und Implementierung einer Markteintrittsstrategie für China
Problemlösungsziele	Suche nach möglichen Kooperationspartnern für das China-Projekt
Innovationsziele	Fünf Vorschläge für eine Erweiterung der Produktpalette für das Asiengeschäft
Entwicklungsziele	Persönliche Weiterbildung in Form eines interkulturellen Trainings für die Vorbereitung auf das China-Geschäft

Praxistipps

Gleichen Sie die Vorstellungen Ihrer Mitarbeiter mit Ihren eigenen Zielen ab, indem Sie sich fragen, wie Sie eine Win-win-Situation schaffen können, bei der sich die Wünsche beider Seiten auf die Unternehmensziele abstimmen lassen.

Lösung 21

- Eröffnungsphase: „Herr Sasse, die Unternehmensstrategie sieht vor, dass bis zum Ende des Jahres die Verkaufsumsätze in Ihrem Bereich um 10 % steigern sollen. Was können Sie aus Ihrer Sicht zur Zielerreichung beitragen?"

- Bewertungsphase: „Ihre Vorschläge klingen gut. Welchen Ideen sollten wir die erste Priorität geben, um sicherzustellen, dass wir die Unternehmensziele erreichen? Welche Hilfsmittel benötigen Sie?"

- Vereinbarungsphase: „Lassen Sie uns einen schriftlichen Aktionsplan mit realistischem Zeitrahmen aufstellen. Wann sollen die ersten Teilergebnisse überprüft werden?"

Praxistipps
- Gehen Sie bei der Zielvereinbarung auf die sechs W-Fragen der Delegation ein (siehe Übung 15).
- Klären Sie, wie Sie mit unerwarteten Ergebnissen umgehen wollen, die während der Realisierungsphase auftreten können.
- Achten Sie darauf, dass die Ziele immer modifizierbar bleiben, damit Sie evtl. veränderten Rahmenbedingungen gerecht werden können.

Lösung 22

1. Mögliche Beurteilungskriterien

   Beim Teamleiter sollte er darauf achten, wie effizient er arbeitet, das heißt, wie stark er sein Team unterstützt und richtunggebend wirkt.

   Bei der Untergruppe kommt es darauf an, wie effektiv die Gruppe in der Abteilung ist, das heißt, wie groß ihr Beitrag zum Abteilungsergebnis ist. Er achtet also auf Arbeitsqualität, Teamzufriedenheit und Innovationsstand.

   Beim einzelnen Mitarbeiter wird er prüfen, wie groß sein Wertschöpfungsbeitrag zum Gruppenergebnis ist. Das heißt, bezogen auf die Serviceleistung beim Kunden, wie es um seine Erreichbarkeit, Freundlichkeit, Schnelligkeit und Servicequalität steht.

2. Kontrollmöglichkeiten

   Für die Verfolgung der einzelnen Prozessfortschritte ist ein gutes Berichtswesen mit einem computergestützten Informationssystem nützlich, bei dem die Aktionspläne der einzelnen Mitarbeiter verfolgt werden können.

   Daneben erfordert die Kontrolle häufige persönliche Rücksprachen mit den Teamleitern und einzelnen Mitarbeitern sowie regelmäßige Besprechungen im größeren Mitarbeiterkreis. Ergänzend können die Ergebnisse einer Selbsteinschätzung der Mitarbeiter, einer Vorgesetztenbeurteilung und einer Kundenbefragung berücksichtigt werden.

Lösung 23

Problem	Was ist das Problem?
	Wie ist es entstanden?
	Wie wirkt sich das Problem aus?
	Wie sieht der Sollzustand aus?
Zielzustand	Wie kann der Sollzustand erreicht werden?
	Was soll langfristig angestrebt werden?
	Was ist das kurzfristige Ziel?
Lösungsansätze	Was sind die positiven Auswirkungen jeder Lösung?
	Was sind die negativen Auswirkungen jeder Lösung?
	Welche Schwierigkeiten und Widerstände gibt es?
	Wie können diese überwunden werden?
	Wie steht es um die Realisierbarkeit?
Analogien	Welche vergleichbaren Fälle gibt es?
	Wie wurden sie gelöst?
	Welche der Lösungen könnte auf diesen Fall angewendet werden?
Entscheidung	Welche Lösung sollte versucht werden?
Aktionsplan	Was ist jetzt zu tun?
	Wer tut es?
	Wann ist der letzte Termin?
	Wann wird die Durchführung kontrolliert?

Lösung 24

1. Vorgehensweise:

Autoritär: Der Vorgesetzte trifft jede Entscheidung allein und setzt notfalls Zwang ein.

Patriarchalisch: Der Vorgesetzte entscheidet, ist aber bestrebt, die Mitarbeiter zu überzeugen, bevor er anordnet.

Beratend: Der Vorgesetzte entscheidet, gestattet jedoch kritische Fragen, um dadurch die Akzeptanz zu erhöhen.

Kooperativ: Der Vorgesetzte definiert das Problem. Die Mitarbeiter entwickeln Vorschläge, die der Vorgesetzte überdenkt, bevor er entscheidet.

Partizipativ: Vorgesetzter setzt lediglich Rahmenbedingungen, Mitarbeiter entscheiden.

Demokratisch: Mitarbeiter entscheiden, der Vorgesetzte beugt sich dem Mehrheitsvotum.

2. Ihre persönliche Einschätzung:

Diese Frage können natürlich nur Sie beantworten. Bedenken Sie dabei, dass alle Aussagen über die Wirksamkeit von Führungsstilen relativ sind. Denn die Wirksamkeit ist von vielen situativen Faktoren abhängig, wie der Persönlichkeit der Führungskraft und der Mitarbeiter, der Zusammensetzung in der Mitarbeitergruppe sowie der Führungssituation.

Lösung 25

Herr Eisen – Führung durch Kontrolle: Als Folge seiner Abneigung gegenüber der Arbeit muss der Mensch gezwungen, bedroht, kontrolliert oder bestraft werden, um die erwartete Leistung zu erbringen. Demnach führt Herr Eisen autoritär durch Anleitung und Kontrolle. Dafür akzeptiert der Mitarbeiter materielle Belohnungen. Andere Bedürfnisse der Mitarbeiter müssen in der Betriebsorganisation nicht berücksichtigt werden. Da der Mitarbeiter seine Arbeitsleistung zurückhält, werden auch keine Anstrengungen unternommen, seine eventuell vorhandenen Fähigkeiten voll zu nutzen.

Herr Pfister – Führung durch Motivation: Äußere Kontrolle und Androhung von Strafen helfen nicht dabei, Menschen zu veranlassen, bestimmte Ziele zu erreichen. Im Grunde ziehen es die Menschen vor, Eigenverantwortung und Selbstkontrolle zu übernehmen. Demnach führt Herr Pfister mit einem integrierenden Führungsstil. Er versucht, im Unternehmen Bedingungen zu schaffen, unter denen der Mitarbeiter bereit ist, sich mit dem Unternehmen zu identifizieren und seine ganze Leistungskraft mit einzubringen. Dabei werden auch die immateriellen Wünsche und Ziele der Mitarbeiter berücksichtigt.

Praxistipps
In der Betriebswirtschaftslehre spricht man von der X-Y-Theorie von McGregor. Herr Eisen vertritt den X-Typen und Herr Pfister den Y-Typen.

Lösung 26

Die praktische Anwendung der von Herrn Pfister vertretenen Y-Theorie gestaltet sich schwierig bei Fließbandtätigkeiten mit hohem Monotoniegehalt, schematischen Abläufen und geringem Bildungsstand der Mitarbeiter. Ebenso ist die Führung nach der Y-Theorie bei Mitarbeitern mit geringen geistigen Ambitionen kaum möglich, da hier die Fähigkeit zur Selbstständigkeit und zum Verantwortungsbewusstsein gefragt ist.
Daher sollten Sie Herrn Karl am besten Herrn Eisen zuteilen, der nach der X-Theorie führt.

Praxistipps

Beachten Sie die Einflussfaktoren des Mitarbeiters und der Mitarbeitergruppe, die sich auf den Führungsstil auswirken:

- Mitarbeiter: Wünsche, Bedürfnisse, Einstellungen, Erwartungen
- Mitarbeitergruppe: Gruppengröße, Altersstruktur, Geschlechtsstruktur, Qualifikationsstruktur, Status-, Rollen- und Normensystem innerhalb der Gruppe

Lösung 27

1. In schwierigen Zeiten wird von den meisten Unternehmen ein Führungsstil bevorzugt, der sich hauptsächlich auf den Erfolg der zu erledigenden Aufgabenstellung konzentriert. Die Führungskraft achtet hierbei sehr darauf, dass die Mitarbeiter ihre Arbeitskraft voll einsetzten. Da nicht das Betriebsklima im Vordergrund steht, wird eine mangelhafte Arbeit schnell getadelt. Die Führungskraft verlangt von leistungsschwachen Mitarbeitern, dass sie mehr aus sich herausholen. Die Mitarbeiter werden mit eiserner Hand geführt. Die Führungskraft neigt dazu, die Mitarbeiter durch Druck und Manipulation zu größeren Anstrengungen anzuspornen.

2. Bei einem anstehenden Personalabbau geht es vorwiegend um die Durchsetzung unliebsamer Unternehmensentscheidungen. Einer Führungskraft mit einem aufgabenbezogenen Führungsverhalten fällt es in der Regel leichter, sich gegenüber den Mitarbeitern durchzusetzen. Der nur mitarbeiterbezogene Führungsstil birgt die Gefahr, dass dabei zu viel Rücksicht auf die Interessen einzelner Mitarbeiter genommen wird und die Führungskraft in einen inneren Interessenkonflikt gerät. Deshalb bietet sich hier ein gemischter Führungsstil an, der in erster Linie aufgabenbezogen ist und an zweiter Stelle die Motivation der Mitarbeiter berücksichtigt.

Lösung 28

- Beim autoritären Führungsstil Herrn Steins ist die Arbeitsleistung der Mitarbeitergruppe anfänglich hoch, lässt jedoch auf Dauer nach. Ist der Vorgesetzte abwesend, sinken Arbeitsbereitschaft und Leistung der Gruppe schnell ab. Das Gruppenklima ist geprägt von Desinteresse, Gleichgültigkeit und verdrängter Unzufriedenheit. Unausgesprochene Kritik kann zu einem aggressiven Klima und damit zu willkürlichen Fehlzeiten und großer Fluktuation führen. Der Vorgesetzte muss mit Sanktionen arbeiten, um das Leistungsniveau aufrechtzuerhalten.

- Das Arbeitsergebnis in der von Herrn Zabel kooperativ geführten Gruppe ist in der Regel quantitativ schlechter, aber qualitativ besser als in Herrn Steins Abteilung. Er pflegt ein entspanntes, freundliches Verhältnis zu seinen Mitarbeitern. Diese entwickeln ein Gruppenbewusstsein und helfen sich gegenseitig. Wegen der Selbstständigkeit und höheren Motivation wird auch bei Abwesenheit Herrn Zabels ein im Vergleich zu Herrn Steins Abteilung qualitativ höherwertiges Arbeitsergebnis erzielt.

- In Herrn Thieles Gruppe ist weder die Arbeitsleistung noch die Mitarbeiterzufriedenheit besonders gut. Seine Zurückhaltung wird als fehlendes Engagement gedeutet. Dies verhindert die Entwicklung gemeinsamer Gruppenziele, führt zu einem geringen Gruppenbewusstsein und zu einer geringen Gruppenleistung mit der Gefahr eines späteren Gruppenzerfalls.

Lösung 29

1. Frau Paul: Die Mitarbeiterin braucht Ermutigung und Lob für ihre Fortschritte sowie die Gewissheit, dass es in Ordnung ist, Fehler zu machen. Wichtig ist ihre Beteiligung an der Entscheidungsfindung und Problemlösung.

    Sie sollten zuhören und ihr Gelegenheit geben, Bedenken zu äußern und eigene Ideen anzubringen. Erst danach sollten Sie eine endgültige Entscheidung über Aktionspläne treffen und einen Zeitrahmen vorgeben. Zugleich müssen Sie Frau Becker auch klar machen, was von ihr erwartet wird und warum eine Aufgabe auf eine bestimmte Weise erledigt werden muss. Weiterhin benötigt sie ein häufiges Feedback über die erzielten Fortschritte.

2. Herr Behrens: Der Mitarbeiter braucht Anerkennung für sein Engagement, allerdings auch klare Ziele und Vorgaben darüber, wie eine gute Arbeit aussieht. Er benötigt ein intensives Training-on-the-Job mit genauen Informationen über das Was, Wie und Warum der Aufgaben.

    Sie sollten einen Entwicklungsplan für Herrn Behrens aufstellen. Aufgrund der noch geringen Kompetenz des Mitarbeiters übernehmen Sie die Verantwortung für die Problemlösung und geben ihm ein häufiges Feedback über die erzielten Ergebnisse.

3. Frau Becker: Im Gegensatz zu Herrn Behrens steht hier nicht das Training im Vordergrund, sondern die Unterstützung und das Beseitigen von Hindernissen bei der Zielerreichung. Was hindert die Mitarbeiterin an der vollen Entfaltung ihrer Fähigkeiten? Sind die Gründe arbeitsplatzbezogen oder liegen sie in der Privatsphäre der Mitarbeiterin? Liegt es am schwankenden Selbstvertrauen oder an der Motivation? – Sind die Gründe nur vorübergehend oder von Dauer?

    Sie sollten in diesem Fall mehr als Kollege und Gleichgesinnter fungieren, als Mentor und Coach. Fragen Sie mehr und ordnen Sie weniger an.

4. Herr Sebastian: Hier können Sie Ihre Aufgaben getrost delegieren. Der Mitarbeiter braucht vielfältige und herausfordernde Aufgaben und eine Führungskraft,

die eher Kollege als Chef ist. Gefragt sind Vertrauen, Anerkennung für Erreichtes sowie Selbstständigkeit und Autorität. Wichtig ist auch, dass Sie den Beitrag des Mitarbeiters für das Unternehmen loben, achten und belohnen und ihn dabei zu noch besseren Leistungen anspornen.

Sie sollten gemeinsam mit Herrn Sebastian die Probleme und gewünschten Ergebnisse definieren und ihm die Zielsetzung, Aktionsplanung und Entscheidungsfindung selbst überlassen. Erfolge sollten Sie mit ihm teilen und gemeinsam feiern. Zugleich kann Herr Sebastian für andere als Mentor fungieren.

Lösung 30

1. Beurteilungsbogen

   Die vier Kriterien reichen nicht aus, um das Verhalten des Vorgesetzten ausgewogen und vielschichtig zu beurteilen. Außerdem sind wichtig: Motivation, Unterstützung, Arbeitsstil, Delegation, Entscheidungs- und Rückmeldungsverhalten, Weiterentwicklung der Mitarbeiter, Durchsetzung der Abteilungsinteressen gegenüber der Unternehmensleitung, Kooperation mit anderen Abteilungen, Kundenorientierung.

   Die Themen des Führungsfeedbacks werden entweder zusammen erarbeitet oder vom Vorgesetzten vorgegeben.

   Der Mitarbeiter sollte die Beurteilung aufgrund einer Skala vornehmen und Raum für persönliche Anmerkungen haben. Die Antwortmöglichkeit Ja/Nein gibt keinen Aufschluss über die Ausprägung des Führungsverhaltens.

2. Anonymität

   Um auch zurückhaltenden Mitarbeitern die Möglichkeit zur offenen Meinungsäußerung zu geben, sollte die Anonymität der Mitarbeiter gewährt werden. Hier bietet sich ein Workshop an, der nicht vom Vorgesetzten, sondern von einer neutralen dritten Person moderiert wird. Dies kann ein in der Gruppe anerkannter Mitarbeiter sein oder jemand aus der Personalabteilung bzw. ein externer Moderator.

   Der Beurteilungsbogen wird danach von den Mitarbeitern und vom Vorgesetzten getrennt ausgefüllt, damit Herr Rasch später einen Abgleich mit seiner Selbsteinschätzung und der Fremdbeurteilung vornehmen kann.

3. Auswertung

   Die Ergebnisse fasst der Moderator anonymisiert in einem Chart zusammen. Im vertraulichen Gespräch werden sie Herrn Rasch vorgestellt. Weichen die Beurteilungen voneinander ab, liegt hier der Anlass für das weitere Vorgehen. Herr Rasch entscheidet, über welche Themen er mehr erfahren möchte und legt maximal 5 bis 6 Bereiche fest.

4. Verbesserungsvorschläge

In Abwesenheit Herrn Raschs wird mit den Mitarbeitern ein konkreter Maßnahmenkatalog erarbeitet, angeleitet durch die Frage: „Was müsste der Vorgesetzte tun, um in seinem Verhalten in den angesprochenen Bereichen besser zu werden?" Anschließend werden die Vorschläge visualisiert und dem später hinzutretenden Vorgesetzten vorgestellt.

5. Umsetzung

Herr Rasch bekommt Gelegenheit, die einzelnen Punkte aus seiner Sicht anzusprechen, um dann mit seinen Mitarbeitern eine konkrete Zielvereinbarung zu treffen, in der genau festgelegt wird, welche Verbesserungen durch konkrete Maßnahmen in den einzelnen Bereichen wann und wie erfolgen sollten.

Praxistipp
Um sicherzustellen, dass die Ergebnisse des Führungsfeedbacks umgesetzt werden, empfiehlt es sich, das Verfahren jährlich zu wiederholen.

Lösung 31

Führung	↔	Führungswechsel
Ziele haben	↔	Ziele entwickeln
entscheiden	↔	fragen
Probleme lösen	↔	Prozesse gestalten
handeln	↔	beobachten
Klarheit	↔	Neugier
überzeugen durch gute Arbeit	↔	überzeugen durch akzeptiertes Vorgehen
das Richtige tun	↔	sich richtig verhalten

Praxistipps
Beim Führungswechsel sollten Sie
- geschickt mit heimlichen Mitbewerbern und Vorgängern umgehen,
- sich mit dem Vorgesetzten über die Strategie und den Führungsstil verständigen,
- sich nicht einseitig auf Veränderungen konzentrieren, ohne wichtige Schlüsselbeziehungen zu erkennen und zu entwickeln,
- nicht ohne überzeugende Strategie an zu vielen Schwachstellen gleichzeitig arbeiten,
- sich im Unternehmen vernetzen und teamorientiert handeln.

Lösung 32

1. Fragen zu wichtigen Schlüsselpersonen könnten sein:
   - Gibt es jemanden, der sich auf Ihre Position beworben hat?
   - Wer hat sich in der Phase des Übergangs für die Abteilung verantwortlich gefühlt?
   - Für wen ist Ihre Arbeit von Bedeutung?
   - Wer nimmt Einfluss auf wichtige Entscheidungen?
   - Welche Beziehungen hatte Ihr Vorgänger zu seinen Mitarbeitern, seinen Kollegen und seinem Vorgesetzten?

2. Zu den Schlüsselpersonen, die für Sie gefährlich werden könnten, zählen:
   - enttäuschte Mitbewerber
   - Vorgänger in eigenen Reihen
   - und informelle Führer

Praxistipps
Um herauszufinden, wie einzelne Personen zueinander stehen, können Sie ein Soziogramm erstellen. Mit Hilfe von Pfeilen malen Sie die Beziehungen der Personen zueinander auf: ein gestrichelter Pfeil steht für eine kritisches Verhältnis, ein durchgezogener Pfeil für eine positive Beziehung.

Lösung 33

1. Der Seiteneinsteiger

   Vermeiden Sie es, sich zu stark auf die Unterstützung seitens der Unternehmensführung zu verlassen. Biedern Sie sich bei den Mitarbeitern nicht an. Führen Sie mit Distanz und Kontrolle. Erkundigen Sie sich nach den Erwartungen und entwickeln Sie gemeinsam neue Spielregeln. Informieren Sie offen über Ihren Werdegang und Ihre Qualifikationen. Beziehen Sie klare Positionen.

2. Der alte Vorgesetzte

   Hier befinden Sie sich in einer ungünstigen Situation. Hat der Vorgänger Sie für die Stellenbesetzung empfohlen, erwartet er Dank. Ging er unfreiwillig, wird er zum Feind.

   Sprechen Sie die Problematik offen an. Versuchen Sie, mit dem Vorgänger Spielregeln zu vereinbaren. Bewahren Sie eine Balance zwischen Nähe und Distanz.

3. Der enttäuschte Mitbewerber

   Sprechen Sie den enttäuschten Mitarbeiter direkt an. Zeigen Sie Verständnis für seine Situation. Erörtern Sie die Möglichkeiten einer fachlichen Zusammenarbeit. Übertragen Sie ihm nach Möglichkeit einen eigenen Verantwortungsbereich, eventuell sogar als Ihr Stellvertreter. Bleiben Sie in ständigem Kontakt mit ihm und beobachten Sie dabei sorgfältig seine Loyalität und sein Leistungsverhalten.

4. Der schwache Vorgänger

Wichtiger ist hier zunächst, die Erwartungen der Kunden zu klären, Prioritäten zu setzen und mit Unterstützung der Unternehmensleitung ein Team für Veränderungen zusammenzustellen.

Praxistipps
- Beachten Sie, dass Sie sich als Seiteneinsteiger in einer fremden Kultur mit unbekannten Spielregeln befinden und über kein eigenes Netzwerk verfügen.
- Vorsicht: Wenn der frühere Vorgesetzte noch im Unternehmen ist und Sie seine Nähe suchen, kann dies dazu führen, dass Sie mit Ihrem Vorgänger eng zusammenarbeiten und dabei von ihm abhängig bleiben. Es kann auch passieren, dass Sie sich Ihren Mitarbeitern unbewusst anbiedern und sich in Ihren Entscheidungen zu sehr vom Team lenken lassen. In beiden Situationen besteht die Gefahr, dass Sie nicht mehr autonom entscheiden können und damit keine richtige Führung übernehmen.
- Geben Sie einem enttäuschten Mitbewerber zunächst eine Chance. Erst wenn keine gute Zusammenarbeit gelingt, sollten Sie personelle Konsequenzen ergreifen. Überlegen Sie dabei, welche Auswirkung dies auf die Führung Ihrer Mitarbeitergruppe haben könnte.

Lösung 34

1. Phase: Themen- und Zielfindung

Unterscheiden Sie bei der Zielfindung zwischen lösbaren und unlösbar scheinenden Problemen. Konzentrieren Sie sich zuerst auf die schnell lösbaren Probleme. Berücksichtigen Sie bei Dauerproblemen immer die Hintergrundgeschichte. Fragen Sie sich bei jedem Problem, das Sie angehen wollen: Von wem kommt es? Wie alt ist es? Wie sahen die bisherigen Lösungsversuche aus?

2. Phase: Visionsentwicklung

Übernehmen Sie nicht unreflektiert die Unternehmensvision für Ihre Vorstellungen von einer notwendigen Veränderung. Analysieren Sie vielmehr die Ausgangssituation und entwickeln Sie darauf aufbauend eigene Ziele. Arbeiten Sie den gemeinsamen Nutzen der Vision für alle Beteiligten heraus.

3. Phase: Umsetzung

Konzentrieren Sie sich maximal auf zwei bis drei Schwerpunkte, ansonsten verzetteln Sie sich. Bestimmen Sie nicht einseitig, was zu tun ist. Entwickeln Sie vielmehr gemeinsam mit Ihren Mitarbeitern Ziele, die Sie später mit ihnen vereinbaren, und legen Sie Verantwortlichkeiten fest.

4. Phase: Rückmeldung

Die einseitige Rückmeldung an den Vorgesetzten reicht nicht aus. Entwickeln Sie eine Kommunikationsstrategie, bei der alle Beteiligten informiert werden, um so wichtige Rückmeldeschleifen zu etablieren.

Praxistipps

Gehen Sie davon aus, dass Sie bei der Einleitung von Veränderungen folgende Phasen erleben werden:
1. Schock über die plötzliche Veränderung, verbunden mit Angst, Widerstand und Blockade
2. Verneinung, da die Meinung herrscht, nichts ändern zu müssen und alte Handlungsmuster beibehalten zu können
3. Einsicht in die Veränderungsnotwendigkeit, verbunden mit der Unsicherheit, wie verändert werden soll
4. Ausprobieren; Versuch und Irrtum führt zu neuen Handlungsmustern
5. Erkenntnis, warum und wann bestimmte Handlungen zum gewünschten Erfolg oder Misserfolg in der neuen Situation führen
6. Integration der Erfahrung in das Handlungsrepertoire

In der Phase zwischen Verneinung und Einsicht ist eine häufige und überzeugende Kommunikation über die Notwendigkeit der Veränderung notwendig.
In der Phase zwischen Ausprobieren und Erkenntnis sind Rückschläge bis zur Phase der Verneinung möglich. Daher sollten Sie Ihre Mitarbeiter hier mit großer Fehlertoleranz führen.

Lösung 35

Folgende Kennzahlen messen die Mitarbeitermotivation:
- sinkende Produktivitätskennzahlen
- erhöhte Ausschussquoten
- Verlängerung der Bearbeitungszeiten
- Anstieg der Kundenreklamationen
- Erhöhung der krankheitsbedingten Fehlzeiten
- Anstieg der Fluktuationsrate
- weniger Überstunden bzw. Mehrarbeit
- Rückgang der Anzahl von Verbesserungsvorschlägen
- sinkende Teilnahme an Betriebsveranstaltungen wie Sport und Betriebsfeiern
- schlechte Beurteilung von Vorgesetzten
- schlechte Bewertung bei Mitarbeiterumfragen

Praxistipps
- Um auf Vorstandsebene über „weiche" Faktoren in der Mitarbeiterführung zu sprechen, benötigen Sie aussagekräftige Kennzahlen.

- Lassen Sie sich vom Controlling regelmäßig die Kennzahlen Ihrer Abteilung geben. Werten Sie diese zusammen mit Ihren Mitarbeitern aus, analysieren Sie Abweichungen und suchen Sie gemeinsam nach Lösungsansätzen.

Lösung 36

Motivatoren	Hygienefaktoren
• Verantwortung	• Sicherheit
• Aufstiegsmöglichkeiten	• Betriebsklima
• Anerkennung	• Zwischenmenschliche Beziehungen
• Möglichkeiten, etwas zu leisten	• Entgelt/Sozialleistungen
• persönliche Weiterbildung	• Firmenpolitik
• interessante Tätigkeit	• äußere Arbeitsbedingungen
• Leistung, Erfolge	• Führungsverhalten

Praxistipps

Möchten Sie Ihre Mitarbeiter motivieren, sollten Sie nach dem Motivationsmodell von Herzberg dafür sorgen, dass
- Ihre Mitarbeiter einen Sinn in ihrer Tätigkeit sehen,
- ihnen Verantwortung übertragen wird,
- sie regelmäßig Feedback über ihre Leistungen erfahren,
- Kontrollen verringert und
- Delegationen verstärkt werden.

Vorsicht: Das Motivationsmodell nach Herzberg geht von einem gut funktionierenden Arbeitsmarkt aus. Je nach den Arbeitsmarktbedingungen und der individuellen Entwicklung und Persönlichkeitsstruktur der Mitarbeiter können die Faktoren einen unterschiedlichen Stellenwert einnehmen!

Lösung 37

- Bedürfnisse nach Selbstverwirklichung:
  z. B. Mitbestimmung, Weiterbildung, Teamarbeit, kooperative Führung, Delegation
- Bedürfnisse nach Differenzierung:
  z. B. Zuweisung besonderer Kompetenzen, Dienstwagen, Aufstiegsmöglichkeiten
- Bedürfnisse nach sozialer Geltung:
  z. B. Kommunikation, Beseitigung von Konflikten innerhalb der Gruppe
- Bedürfnisse nach Sicherheit:
  z. B. Arbeitsplatzsicherheit, Kündigungsschutz, Mindesteinkommen, Unfall- und Krankenversicherung

- Physiologische Grundbedürfnisse:
  z. B. Kantine, Urlaub, Pausen, Erholungszeiten, Arbeitskleidung, Arbeitsräume, Wohnungsvermittlung

Praxistipps

Die hier zugrunde liegende Maslowsche ‚Bedürfnispyramide' aus den 70er Jahren ist in der Wissenschaft zwar umstritten, weil nicht bewiesen ist, dass die Bedürfnisse aufeinander aufbauen und hierarchisch zueinander stehen. In der Praxis wird sie jedoch noch immer angewandt, weil sie wie kein anderes Modell die unterschiedlichen Bedürfnisse der Menschen klar und einfach darstellt.

Lösung 38

1. Die Werte von Frau Köhler sind Sicherheit, Ordnung und Anerkennung. Sie braucht einen ruhigen Arbeitsplatz in einer gesicherten und stabilen Umgebung mit freundlichen Menschen.
2. Frau Bauer, die Wert auf Abwechslung und Spannung legt, fühlt sich wohl in einem Umfeld mit ständig wechselnden Aufgaben und neuen Problemen, die sie selbstständig lösen kann.
3. Der leistungsorientierte Herr Huber wird sich in einem Umfeld wohl fühlen, in dem der Vergleich mit anderen und konkurrierender Wettbewerb wichtig sind.
4. Der Motorradfahrer Möller, der nach Freiheit und Selbstverwirklichung strebt, möchte einen Arbeitsplatz, den er frei gestalten kann, und eine verantwortungsvolle Tätigkeit, bei der er sich weiterentwickeln kann.

Praxistipps

- Eine direkte Befragung der Mitarbeiter nach ihren persönlichen Werten könnte schnell als ein Eingriff in die Privatsphäre gewertet werden. Unterhalten Sie sich mit Ihrem Mitarbeiter darüber, was er gerne tut und fragen sich danach, was es ihm gibt und bedeutet.
- Seien Sie in Bezug auf die Umsetzung der Werte in Ihrem Verantwortungsbereich kreativ. Fragen Sie sich, welche Freiräume Sie dem Mitarbeiter geben können, damit er seine Werte auch während der Arbeitszeit leben kann.

Lösung 39

1. Bei einem unternehmensweiten Personalabbau, der zwar angestrebt, aber noch nicht genau geplant ist, reicht eine einseitige Information an den oberen Führungskreis, um eine unnötige Unruhe bei den Mitarbeitern zu vermeiden, z. B. durch vertrauliches Schreiben an die Führungskräfte.
2. Einseitige Information an alle Mitarbeiter, z. B. durch Rundschreiben oder Meldung in der Mitarbeiterzeitung.

3. Dialog und Feedback von den betroffenen Bereichen, z. B. durch Dialogveranstaltungen und Kaminabende.

4. Einseitige Information an obere Führungskräfte, um über die möglichen Auswirkungen auf die Gesamtorganisation nachzudenken, z. B. im Führungskräftekreis.

5. Feedback-Kommunikation mit den Mitarbeitern, z. B. durch eine Mitarbeiterbefragung.

6. Eventuell Dialog- und Feedbackmittel mit ausgesuchten Multiplikatoren, z. B. durch spezielle Workshops.

Praxistipps
- Einseitige Information durch: Betriebsversammlung, zielgruppenspezifische Publikationen und Bekanntmachungen, Vorschlagswesen, Rundschreiben, Briefe und E-Mails.
- Nur Feedback durch: Mitarbeiterbefragung, Mitarbeiterbeurteilung, Vorgesetztenbeurteilung.
- Dialog durch: Vorstandsdialog, Kamingespräche, Management by walking around, Gruppen und Abteilungsgespräche, Mitarbeitertelefon, Informationsstände und -treffpunkte.

Lösung 40

1. Im Zuge der Kostenoptimierung haben sich auch Neuerungen bei den Reiserichtlinien ergeben, die für größere Gerechtigkeit im Unternehmen sorgen. Ab heute reisen alle Mitarbeiter in der Economyklasse. Damit kommen die leitenden Angestellten ihrer Vorbildfunktion nach und leisten einen Beitrag zum Unternehmenserfolg.

2. Im Rahmen der Anpassung der Gehälter an die wirtschaftliche Situation des Unternehmens hat die Unternehmensleitung in Zusammenarbeit mit dem Betriebsrat einen guten Kompromiss gefunden: Das Weihnachtsgeld wird umgewandelt in das Versprechen der Unternehmensleitung, in diesem Jahr alle Arbeitsplätze zu erhalten. Damit haben wir eine gute Basis gefunden, um gemeinsam die wirtschaftliche Situation des Unternehmens erheblich zu verbessern.

3. Die anstehende Umgestaltung des Unternehmens gibt einigen Mitarbeitern die Chance, in einem Aufgabengebiet tätig zu werden, das vielleicht besser zu ihren Fähigkeiten passt. 15 Prozent der Mitarbeiter haben die Möglichkeit, sich außerhalb des Unternehmens neu zu positionieren. Dabei werden besondere Mittel zur Verfügung gestellt, um für alle Beteiligten eine gute Lösung zu finden.

Praxistipps
Für die richtige Formulierung kommt es natürlich auf den Kontext und die Glaubwürdigkeit der Aussagen an. Eine Aussage wie unter Punkt 3 kann daher leicht als zynisch verstanden werden.

Lösung 41

1. Erinnern Sie an das eigentliche Thema, schaffen Sie Problembewusstsein, stellen Sie den Nutzen der Besprechung dar, halten Sie die Teilnehmererwartungen fest, verweisen Sie auf vorher vereinbarte Spielregeln, die Agenda und den Zeitplan.

2. Eventuell sind die Teilnehmer negativ gegenüber dem Thema eingestellt oder haben den Wunsch aufzufallen. Machen Sie die Spielregeln klar: keine Killerphrasen. Fordern Sie konstruktive Ideen ein und fragen Sie einfach: Wie würden Sie es machen?

3. Loben Sie ihn, unterbrechen Sie ihn taktisch, begrenzen Sie die Redezeit, weisen Sie auf seine Fähigkeit hin, sich kurz und präzise auszudrücken und geben ihm Aufgaben zum Beispiel als Zeitnehmer oder Schreiber.

4. Diese Reaktion muss nicht unbedingt mit Ihrem Führungsstil zusammenhängen. Gründe hierfür können auch sein: Müdigkeit, andere aktuelle Ereignisse, negativ eingestellte Mitarbeiter, eine Über- oder Unterforderung der Teilnehmer. Legen Sie eine kurze Pause ein, lüften Sie, fragen Sie sich, was Ihnen das Schweigen sagen würde, wenn es reden könnte. Machen Sie eine Kartenabfrage, bei der Sie von den Mitarbeitern auf Karten schreiben lassen, was Sie zur Zeit bewegt, um dies später in der Gruppe zu besprechen.

5. Fragen Sie, ob es zum Thema gehört oder auf dem Weg zum Ziel weiterhilft. Beziehen Sie die anderen Teilnehmer stärker ein, versachlichen Sie, greifen Sie die Inhalte auf und visualisieren Sie die Gemeinsamkeiten und Unterschiede. Lassen Sie die Stimmung abkühlen, legen Sie eine Pause ein und sprechen Sie die betreffenden Mitarbeiter nach der Besprechung an.

Praxistipps
Folgende Führungsregeln haben sich bei Besprechungen bewährt:
- Sorgen Sie für eine lockere und freundliche Gesprächsatmosphäre.
- Sammeln Sie zunächst alle wichtigen Informationen. Weisen Sie auf ungeklärte Punkte hin und stellen Sie diese optisch heraus.
- Vereinbaren Sie Regeln zu Wortmeldungen, Visualisierungstechniken, Zeitablauf, Protokoll und Umgangsformen.

Lösung 42

1. Fehlleistungen und die Folgen ansprechen:

   Sie sollten ansprechen: das nachlassende Engagement, die Unpünktlichkeit, die Unkonzentriertheit, die Flüchtigkeitsfehler sowie das Verhalten bei der Besprechung: „Herr Weiß, mir ist aufgefallen, dass Sie in den letzten fünf Tagen eine halbe Stunde später zur Arbeit kamen. Ihre Berechnungen enthielten viele Flüchtigkeitsfehler, insbesondere die vom Dienstag. Ich habe den Eindruck, dass

Ihr Engagement nachlässt. Frau Müller haben Sie bei der Präsentation dreimal unterbrochen." Dann erwähnen Sie die Folgen der Fehlleistungen: „Durch die Kundenreklamationen entstand uns ein zusätzlicher Bearbeitungsaufwand und Frau Müller möchte nicht mehr mit Ihnen zusammenarbeiten."

2. Die nächsten Schritte in der Gesprächsführung:

Lassen Sie Ihre Aussage einen Moment wirken. Fragen Sie dann nach der Sicht des Mitarbeiters. Klären Sie gemeinsame und unterschiedliche Standpunkte. Fragen Sie ihn, wie er die Situation verbessern will, und machen Sie sich über seine Vorschläge Notizen. Vereinbaren Sie, wie Sie vorgehen wollen, um die Sache zu klären und legen Sie einen Folgetermin fest. Sagen Sie Ihrem Mitarbeiter, dass Sie ihn trotz der Fehlleistung persönlich schätzen.

3. Eine angemessene Rückmeldung könnte so lauten:

„Herr Weiß, bei der letzten Besprechung habe ich beobachtet, wie Sie Frau Müller dreimal ins Wort gefallen sind mit der Bemerkung: ‚Sie haben keine Ahnung.', Dies empfand ich als sehr unkollegial und es stört meiner Meinung nach den Teamgeist in unserer Abteilung. Ich kann mich auch irren. Es wäre aber schön, wenn Sie demnächst solche Kommentare unterlassen würden."

Praxistipps
Richtig Feedback geben:
- Geben Sie eine Rückmeldung so bald wie möglich! Ein Feedback nach zwei Wochen ist zu spät.
- Beschreiben, nicht bewerten! Die Behauptung, das Verhalten sei unkollegial gewesen, ist eine Bewertung.
- Beziehen Sie sich auf ein Verhalten, das der Mitarbeiter ändern kann. Die Aussage „schwieriger Mitarbeiter" ist zu allgemein.
- Beziehen Sie sich auf konkrete und beobachtbare Einzelheiten! Die Behauptung, der Mitarbeiter habe sich schon wieder einmal so verhalten, ist pauschal und so allgemein formuliert, dass es nicht nachprüfbar ist.
- Machen Sie konkrete Vorschläge – die Aufforderung, dass sich der Mitarbeiter demnächst anders verhalten solle, ist zu allgemein.
- Schließen Sie die Möglichkeit des Irrtums nicht aus!

Lösung 43

1. Überstrahlungseffekt: Auffällige Verhaltensweisen überstrahlen häufig die Wirkung anderer, die weniger deutlich wahrgenommen werden.

2. Kontakteffekt: Tendenz, Mitarbeiter positiver zu beurteilen, mit denen man häufiger Kontakt hat

3. Kontrasteffekt: Die Reihenfolge der Beurteilten kann einen Kontrast erzeugen, bei dem schlechte gut und mittelmäßige schlecht dastehen.

4. Pessimismuseffekt: Der Vorgesetzte sucht gezielt nach Fehlern.

5. Tendenz zur Nachsicht bzw. Strenge: Der Vorgesetzte beurteilt die Mitarbeiter zu milde oder zu streng.

6. Tendenz zur Mitte: Neigung, bei Beurteilungen undifferenziert die unverbindlichen mittleren Werte zu bevorzugen

7. Beurteiler als Maßstab: Neigung, von sich selbst auf andere zu schließen

Praxistipps

Sie vermeiden Beurteilungsfehler, indem Sie sich genügend Zeit nehmen, nicht zu sehr von sich selbst ausgehen und den Mitarbeiter nur hinsichtlich der betreffenden Aufgaben bewerten.

Lösung 44

1. Der Vorteil dieses Verfahrens besteht in der Einfachheit und Übersichtlichkeit der Bewertung, die aufgrund des strukturierten Bogens bei einer Vielzahl von Mitarbeitern sehr schnell vorgenommen werden kann.

   Der Nachteil besteht in der Skalierung. In der Praxis zeigt sich bereits nach zwei oder drei Jahren eine stetige Tendenz zur immer positiveren Beurteilung, sodass die Beurteilung nach sechs bis sieben Jahren nicht mehr aussagefähig ist und das System durch ein anderes ersetzt werden muss. Zudem müssen die genannten Merkmale genau beschrieben und definiert werden, was einen zeitaufwendigen Abstimmungsprozess mit sich zieht.

2. In der Praxis wird das merkmalsbezogene Beurteilungsverfahren für die tariflichen Mitarbeiter eingesetzt.

   Die Leistungsbeurteilung stellt allerdings nur eine Beurteilung bestimmter Persönlichkeitsmerkmale dar. Für ein gutes Leistungsergebnis können auch andere Verhaltensweisen ausschlaggebend sein. Deshalb findet dieses Verfahren für den außertariflichen Mitarbeiterkreis keine Anwendung.

3. Die Leistung von Führungskräften wird durch Zielvereinbarungen und die Zielerreichung gemessen. Im Rahmen der jährlichen Zielvereinbarung legen Sie bestimmte Erfolgskriterien fest, um später den Zielerreichungsgrad festzustellen. Zum Beispiel „Erstellung eines Konzepts bis zum 30.6." – „Umstellung auf ein neues PC-System bis zum 30.9." (siehe Übungen 7, 8, 20).

Lösung 45

Im Beurteilungsgespräch sollten Sie mit Herrn Buck über folgende fünf Punkte sprechen:

1. Welche Ziele wurden erreicht, welche nicht?

2. Was sind die Ursachen für den Erfolg bzw. den Misserfolg aus Sicht des Mitarbeiters und des Vorgesetzten?

3. Welche Ziele sollen als Nächstes erreicht werden? Welche Aufgaben sollen erfüllt werden? Welche Kompetenzen hat der Mitarbeiter für die Aufgabenerfüllung? Wie soll die Zielerreichung gemessen werden?

4. Welche unterstützenden Maßnahmen werden für die Zielerreichung benötigt? Legen Sie fest: Wer, in welcher Form, wann, in welchem Umfang, wie, durch wen – Personalentwicklungsmaßnahmen für den Mitarbeiter in Form der Verhaltensänderung oder des Wissenserwerbs.

5. Welche Ergebnisse sollen schriftlich festgehalten werden, um sie später nachzuprüfen?

Praxistipps
Mitarbeiter wollen beurteilt werden! Führen Sie nicht nur einmal jährlich das Beurteilungsgespräch. Geben Sie Ihren Mitarbeitern regelmäßig ein Feedback über deren Leistungsstand, um motivierend in das Arbeitsverhalten einzugreifen.

Lösung 46

1. Übermittlung der Trennungsentscheidung
   - gleich zur Sache kommen, auf Smalltalk verzichten
   - Trennungsentscheidung und -datum mitteilen
   - Entscheidung erläutern, ohne sich zu rechtfertigen
   - Endgültigkeit der Entscheidung herausstellen

2. Auf Reaktionen des Mitarbeiters eingehen
   - Gelegenheit zur Stellungnahme geben
   - zuhören und Betroffenheit zeigen
   - die Reaktionen ernst nehmen
   - nicht diskutieren, streiten oder verteidigen
   - dem Mitarbeiter keine falschen Hoffnungen machen

3. Die nächsten Schritte festlegen
   - das Trennungspaket vorstellen (das Sie vorher mit der Personalabteilung geklärt haben, z. B. Zeitpunkt, Freistellung, Resturlaub, Zeugnis, Unterstützung etc.)
   - dem Mitarbeiter anbieten, für heute nach Hause zu gehen
   - Termin bei der Personalabteilung vereinbaren
   - vorher geklärte Hilfestellungen anbieten und einhalten

Praxistipps

- Klären Sie alle wichtigen Informationen wie Resturlaub, Pensionsanspruch, Firmenwagen etc. im Vorfeld, legen Sie diese schriftlich fest und informieren Sie den Mitarbeiter darüber am Ende des Gesprächs.
- Wenn Ihnen das Trennungsgespräch Schwierigkeiten bereitet, können Sie als Unterstützung jemanden aus der Personalabteilung dazu bitten, wobei die Gesprächsführung bei Ihnen bleiben muss.

Lösung 47

1. Bleiben Sie ruhig und zeigen Sie Verständnis. Rechtfertigen Sie sich nicht. Stellen Sie Herrn Huber frei, sich an die Unternehmensleitung zu wenden. Weisen Sie aber darauf hin, dass diese hinter der Entscheidung steht. Lassen Sie dem Mitarbeiter Zeit, sich zu sammeln und vereinbaren Sie einen Folgetermin.

2. Hat Frau Müller die Ernsthaftigkeit verstanden? Wiederholen Sie die Kernbotschaft und ermuntern Sie zu Fragen. Äußern Sie sich aber nicht über andere Mitarbeiter. Erläutern Sie die nächsten Schritte und vermeiden Sie es, Emotionen in Gang zu setzten.

3. Herr Anton muss die negative Nachricht erst einmal verarbeiten. Die Mitteilung muss sich bei ihm setzen. Bieten Sie ihm einen Termin bei der Personalabteilung an.

4. Hat Frau Jeuken die Situation verstanden oder will sie vielleicht Verhandlungsspielraum gewinnen? Bleiben Sie bei der Entscheidung und bieten Sie ihr ein zweites Gespräch bei der Personalabteilung an.

Praxistipps

- Lassen Sie sich nicht auf die Spirale von Rede und Gegenrede ein. Diskutieren Sie nicht.
- Versetzen Sie sich in die Situation des Mitarbeiters. Nicht, was Sie sagen, sondern, was er versteht und wie Sie auf ihn eingehen, ist wichtig.
- Die Art und Weise, wie Sie sich von Mitarbeitern trennen, wird sich auf die verbleibenden Mitarbeiter auswirken.

Teil 3: Managementbegriffe

24/7

24 Stunden, 7 Tage die Woche. Die Formel zeigt die ständige Erreichbarkeit an.

800 Pound Gorilla

Aus dem Englischen, wörtlich: 800 Pfund Gorilla. Gemeint ist eine sehr wichtige Person in einer Verhandlung oder in einem Geschäft. Das Gewicht steht also für die Bedeutung.

9-2-5

Nine-two-five, meint: nine-to-five. Aus dem Englischen: neun bis fünf. Ein „Nine-to-Five"-Job ist eine Stelle, bei der man von neun Uhr morgens bis fünf Uhr nachmittags arbeitet – der klassische Acht-Stunden-Arbeitstag also.

A

Absentismus

Fernbleiben vom Arbeitsplatz bzw. Krankenstand. Ist eine Steuerungsgröße in Unternehmen. Ein hoher Krankenstand wird oft als Indiz für eine Demotivation der Mitarbeiter oder ein Laisser-faire des Managements interpretiert. Man unterscheidet zwischen Fehlzeiten wegen Krankheit aufgrund medizinischer Notwendigkeit (abhängig oder unabhängig vom Arbeitsplatz) und motivationsbedingten Fehlzeiten (abhängig von der Arbeits- oder Lebenssituation).

Ein Instrument der Reduzierung des Krankenstands sind Rückkehrergespräche. Dabei führt der Vorgesetzte mit jedem Mitarbeiter, der gefehlt hat, ein Gespräch, sobald er wieder im Betrieb ist. Er sagt ihm noch einmal deutlich, dass er gefehlt hat, und erkundigt sich über seinen Zustand. Sollte der Mitarbeiter öfter fehlen, muss er ein weiteres Gespräch mit seinem Vorgesetzten und dem Betriebsrat (falls vorhanden) führen. Dabei wird ihm mitgeteilt, dass er mit seinen Fehlzeiten weit über dem Schnitt liegt. Er muss darlegen, wie er versuchen wird, dies in den Griff zu bekommen. Die Praxis zeigt, dass diese Maßnahmen eine Reduzierung des Absentismus um 2–3 % bewirken.

Ad Click

Aus dem Englischen: advertisement = Werbung, click = anklicken. Werbeeinblendungen im Internet können angeklickt werden und leiten dann den Besucher auf die Website des Werbenden („Werbeklick"). Bei den ad clicks wird gezählt, wie viele Besucher einer Seite ein dort geschaltetes Banner anklicken und sich zu dem dahinter stehenden Angebot weiterleiten lassen.

Added Value

Aus dem Englischen, wörtlich übersetzt: addierter Wert.

Zusatzwert eines Produkts. Mit einem added value wird ein Produkt im Vergleich zum Produkt der Konkurrenz hochwertiger und somit attraktiver. Es handelt sich um den Mehrwert des Produkts, der seinen Preis rechtfertigt. Wenn z. B. ein Automobilhersteller eine Sonderausstattung in den Serienumfang übernimmt, hat er ein added value erzeugt. Das Gleiche gilt, wenn rund um das Produkt Dienstleistungen angeboten werden.

Oft werden zahlreiche added values definiert, die aber nicht immer vom Kunden registriert und honoriert werden, insbesondere dann, wenn im direkten Wettbewerb nur der Preis des Produkts verglichen wird. Der Einsatz von added values sollte deshalb immer unter der Berücksichtigung der Frage entschieden werden, ob sie vom Kunden bemerkt und honoriert werden.

Advertorial

Verschmelzung von advertisement (Anzeige) und editorial (redaktioneller Beitrag). Es handelt sich um eine als normaler Zeitungsartikel „getarnte" Werbeanzeige. Sie ähnelt in Aufmachung und Stil dem redaktionellen Umfeld. Sie kann deshalb gegen das deutsche Presserecht verstoßen, das eine klare Trennung von redaktionellem Inhalt und Werbung verlangt.

Es gibt noch die Verpflichtung diese als Anzeige zu kennzeichnen. Wenn diese Kennzeichnung jedoch geschickt platziert ist, fällt diese gar nicht auf und die Anzeige geht als „Testbericht" oder redaktioneller Beitrag durch.

Affiliate

Bei einem Affiliate-System schließen sich zwei Partner zu einer provisionsbasierten Vertriebskooperation im Internet zusammen. Man spricht in diesem Zusammenhang auch von Affiliate-Marketing. Der Anbieter eines Produktes oder einer Dienstleistung stellt dem Affiliate (dt. Geschäftspartner) einen Link zur Verfügung, mit dem das Produkt auf der Website des Affiliate oder auch in einer Werbe-E-Mail beworben wird. Dieser Link übermittelt dem Anbieter einen Code mit dem nachvollziehbar wird, wenn ein Kunde von der Website oder E-Mail des Affiliates zur Website des Anbieters gelangt ist. Der jeweilige Affiliate wird dadurch identifiziert (Tracking) und erhält eine Provision.

Affinitätsprogramme

Programme, die für Kundenbindung sorgen sollen, also Belohnungssysteme für besonders treue Kunden. Bei jedem Kauf werden Punkte, Meilen oder Einheiten einer ähnlichen „Sonderwährung" gesammelt, die später gegen ein Produkt eingetauscht werden können.

AKV

Aufgaben, Kompetenzen, Verantwortung einer Stelle. Oft im Zusammenhang mit Rollendefinitionen/-klärungen verwendet. Folgendes Beispiel zeigt das AKV eines Projektleiters:

Aufgaben	Kompetenzen	Verantwortung
• Teamzusammensetzung in Abstimmung mit dem Projektausschuss und den jeweiligen Linienvorgesetzten • Formulierung des Projektantrags als Grundlage für den Auftrag • Leitung der Teamsitzungen • Planung und Koordination des Projekts • Kosten-, Termin- und Ergebnis-kontrolle • Dokumentation des Projekts • Mit Projektausschuss und Auftraggeber Kontakt halten • Konfliktklärung bei der Projektarbeit	• Mitbestimmung bei der Auswahl von Teammitgliedern • Teamsitzungen definieren • Zugang zu allen, für das Projekt relevanten Informationen • Wichtige Entscheidungen einfordern • Prioritäten setzen bei der Projektabwicklung • Ergebniskontrolle • Was getan werden soll und bis wann es erledigt sein muss • Entscheidungen innerhalb des vorgegebenen Zielrahmens	• Zielführende Ergebnisse der Teamsitzung • Berichterstattung an den Projektausschuss • Vollständigkeit der Projektdokumentation • Erfüllung der Termin- und Kostenziele • Rechtzeitige Information des Projektausschusses über Abweichungen oder Schwierigkeiten im Projekt • Darstellung der Projektrisiken • Vertrauensvoller Umgang mit projektinternen Informationen

Insbesondere in Projekten sind die Rollen der Beteiligten oft unklar. Nehmen Sie das AKV-Modell als Grundlage zur Definition der Rollen des Projektleiters, des Lenkungsausschusses und der Teammitglieder.

ALARP

As Low As Reasonably Possible: der niedrigste vertretbare Ansatz, oft auch als „Minimalansatz" bezeichnet. Wird oft im Zusammenhang mit Kosteneinsparungen verwendet.

Es besteht bei allen Produkten die Gefahr, dass diese im Laufe der Zeit „hochgezüchtet" werden, d. h. dass alle Kundenwünsche und Sonderanforderungen aufgenommen werden. Das Produkt kann dann zwar alles, ist aber nicht mehr bezahlbar. Ein Beispiel ist die Entwicklung des VW Golfs: Ursprünglich war er ein Fahrzeug der Einstiegsklasse. Der Golf V ist schon eher ein Mittelklassewagen. Die Einsteigerkäuferschicht musste zu anderen Produkten abwandern. Die Wertanalyse ist eine gute Methode zur Überprüfung der notwendigen Produktmerkmale.

Alignment

Aus dem Englischen: Ausrichtung, Linienführung. Der Begriff kann z. B. auf Personal bezogen werden, etwa als Team-Alignment. Ein Team „alignen" bedeutet in diesem Fall, ein Team auf die definierte Strategie auszurichten. Die Mitarbeiter sollen dabei verstehen, was die Zielsetzungen sind und entsprechend handeln. Je turbulenter das Umfeld ist, desto größer ist das Risiko, dass Mitarbeiter sich orientierungslos fühlen und Frustration entsteht. Umso wichtiger ist es, die Mitarbeiter immer wieder auf die Unternehmensziele oder Bereichsziele auszurichten. Scheuen Sie sich nicht, Besprechungen einzuberufen, um Ihren Mitarbeitern Ihre Zielrichtung zu kommunizieren.

Ampelbewertung

Beispiel eines Projektsberichts mit Ampelbewertung:

Projekt Statusbericht Nr.	
Auftragsnummer:	Status:
Datum:	
Datum letzter Statusbericht:	
Projekt:	
Werk:	Fertigstellungsgrad: 0%
Projektleiter:	Nächster Meilenstein:
Verteiler:	Endtermin:
Neues im Berichtszeitraum:	
Probleme/Risiken:	
Zu entscheiden:	

Kontrollinstrument zur Projektüberwachung. Die symbolische Ampel informiert über den Projektfortschritt: Grün bedeutet, dass alles wie geplant läuft. Gelb bedeutet, dass mittlere Probleme auftreten, Zeitverzug absehbar ist und Entscheidungsbedarf besteht. Rot bedeutet, dass schwere dringliche Probleme auftreten, bereits Zeitverzug und sofortiger Lösungs- oder Entscheidungsbedarf besteht.

Berichte an das Management müssen kurz und bündig sein. Die Hauptaussage sollte sein: Läuft es oder besteht Handlungsbedarf? Leider sind die meisten Berichte zu textlastig. Auf vielen Seiten wird der Status des Projekts beschrieben, oft so aufwändig, dass es keiner mehr liest. Weniger ist oft mehr!

Appraisal of Potential (AOP)

Aus dem Englischen: Potenzialeinschätzung, z. B. von Mitarbeitern. Sie soll zu mehr Effektivität in den Personalauswahlverfahren beitragen und der Mitarbeiterförderung im Rahmen der Personalentwicklung dienen. Eine sorgfältig vorbereitete und professionell durchgeführte Potenzialanalyse soll personelle Fehlentscheidungen vermeiden und zu einer möglichst großen Übereinstimmung zwischen aufgabenbezogenem Anforderungsprofil und Qualifikationsprofil des jeweiligen Arbeitsplatzinhabers führen.

Lassen Sie bei jeder Beförderung oder Einstellung ein AOP durchführen. Es bestätigt entweder Ihre persönliche Einschätzung oder bewahrt Sie vor einer Fehlbesetzung.

Beispiel für das Ergebnis einer Potenzialanalyse:

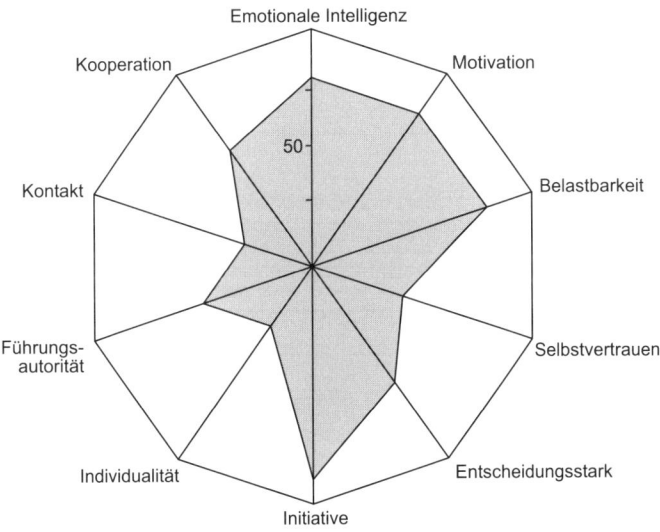

APQP

Advanced product quality planning, fortgeschrittene Produkt-Qualitätsplanung. Vorschrift der US-Automobilindustrie zur Absicherung der Produktentwicklung.

APQP ist vor allem in der Zusammenarbeit mit Ford oder GM zur Pflicht geworden. In der Zwischenzeit verlangt fast jeder Automobilhersteller von seinen Zulieferern, dass sie sich an eine bestimmte Projektabwicklungsmethodik halten. Dies macht es für Zulieferer, die an verschiedene Kunden liefern, häufig schwierig: Sie müssen verschiedene Verfahren im eigenen Unternehmen beherrschen. Sinnvoll sind hier so genannte „Übersetzungstabellen" für die Projektleiter, aus denen hervorgeht, welche Meilensteinbezeichnung des jeweiligen Automobilherstellers welche Bedeutung hat und mit welchem Meilenstein des eigenen Projektprozesses verglichen werden kann.

APQP besteht aus folgenden Schritten:

Nr.	Prozessschritte (APQP)
1	Customer Input Requirements
2	Sourcing Decision
3	Team Feasibility Commitment
4	Design FMEA, Drawings and Specs.
5	Design FMEA
6	Subcontractor APQP-Status
7	Design Verification Plan and Report
8	Prototype Build Control Plan
9	Prototype Build
10	Facilities, Tools and Gages
11	Manufacturing Process Flow Chart, Packaging Specification
12	Design Review
13	Drawings and Specs.
14	Prototype Builds
15	Design Verification Plan and Report
16	Design FMEA
17	Prototype Builds
18	Design Verification Plan and Report
19	Design Review

Nr.	Prozessschritte (APQP)
20	Production Control Plan
21	Drawings and Specs.
22	Manufacturing Process Flow Chart
23	Process FMEA
24	Subcontractor APQP-Status
25	Team Feasibility Commitment, Design Review
26	Production Validation Test
27	Pre Launch Control Plan
28	Measurments Systems Evaluation
29	Production Trial Run
30	Operator Process Instruction
31	Production Trial Run
32	Production Control Plan
33	Production Part Approval
34	PSW Part Delivery at MRD
35	Preliminary Process Capability Study

Assessment Center (AC)

Aus dem Englischen: assessment = Einschätzung, Bewertung. Leicht missverständliche Verwendung, denn es handelt sich nicht um ein Bewerbungs-Center, sondern um ein Auswahlverfahren von Bewerbern. In der Regel wird ein AC mit mehreren Bewerbern gleichzeitig durchgeführt, es gibt aber auch „Einzel-ACs".

Standardablauf eines Assessment Centers zur Personalauswahl:

1. Anforderungsanalyse: Zunächst sind die Anforderungen an die zu besetzende Stelle zu definieren.

2. Konstruktion des Verfahrens: Dann ist festzulegen, mit welchem methodischen Verfahren die Teilnehmer beurteilt werden sollen.

3. Information von Interessengruppen (Führungskräfte, Betriebsräte etc.): In einem dritten Schritt sind weitere Interessensgruppen in den Prozess einzubinden.

4. Schulung von Beobachtern und Rollenspielern: In der Regel werden interne Beobachter ausgewählt und geschult, die die Teilnehmer beurteilen sollen. Nur so kann eine einheitliche Rückmeldung gewährleistet werden.

177

5. Information der Bewerber: Bewerber werden über den Ablauf und die Zielsetzung des AC informiert.

6. Durchführung des Verfahrens: Das Verfahren soll klar, strukturiert und zeitlich präzise ablaufen, wie im Zeitplan festgelegt. Anschließend erfolgt die Konferenz der Beobachter.

7. Erstellung von Teilnehmerprofilen: Ein qualifiziertes Profil zeigt die Schwächen und Stärken des Teilnehmers anhand des Anforderungsprofils auf.

8. Rückmeldung an die Teilnehmer: Der Teilnehmer soll sich danach darüber im Klaren sein, warum er eine Empfehlung für eine Position bekommt oder nicht.

9. Rückmeldung an den Auftraggeber: Die Ergebnisse werden dem Auftraggeber präsentiert. Dieser kann daraufhin seine Entscheidung treffen.

10. Evaluation des Verfahrens: Hat sich der Aufwand gelohnt? Bringen die Mitarbeiter die erwartete Leistung?

Unter einem Assessment Center wird meistens das „große Paket" verstanden, was bedeutet, dass zahlreiche Teilnehmer eingeladen, ein Beratungsunternehmen eingeschaltet wird usw. Dies muss jedoch nicht immer so sein. Es ist durchaus möglich, dass Sie auch bei einer internen Stellenbesetzung im kleinen Rahmen einige Kriterien festlegen, anhand derer interne Kandidaten geprüft werden. Je strukturierter Sie auch bei anstehenden Beförderungen ACs durchführen, desto geringer ist das Risiko, dass Sie Personen auf Positionen bringen, die dafür eigentlich nicht geeignet oder überfordert sind.

Ast-Scheren-Methode

Mit dieser Methode versucht man, strukturiert herauszufinden, welche Aufgaben „abgeschnitten" werden müssen, um Kosten einzusparen und bessere Erträge zu erzielen – wie bei einem guten Obstbaumschnitt. Dabei werden die Leistungen im Unternehmen nach folgenden Kriterien bewertet:

- Wie profitabel ist diese Leistung?
- Wie stark wird diese Leistung abgefragt?
- Wie hoch ist die Qualität dieser Leistung?
- Was passiert, wenn wir diese Leistung nicht mehr erbringen?
- Können wir diese Leistung extern günstiger beziehen?

Die Astscherenmethode ist oft wirksamer als die „Rasenmähermethode", verlangt aber eine intensive Auseinandersetzung mit den Leistungen des Unternehmens.

Außenrotation

Mitarbeiter werden für eine begrenzte Zeit in eine für das Unternehmen bzw. den Arbeitsplatz wichtige Organisation (z. B. Kunde, Lieferant oder Behörde) entsandt, um dort vor- oder nachgelagerte Aufgaben zu übernehmen. Damit werden Gesamtzusammenhänge erkannt und Kundenbeziehungen verbessert.

Außenrotationen werden viel zu selten gemacht. Da vielen Mitarbeitern der Bezug zum Kunden fehlt, ist es sinnvoll, dass jeder Mitarbeiter ein paar Wochen im Vertrieb tätig ist, um zu verstehen, wie das Produkt im Markt „wirkt". Als sehr wirksam hat sich z. B. auch der Einsatz von Produktionsmitarbeitern in der Reklamationsabteilung erwiesen. Sie werden auf diese Weise sensibler für die Produktqualität.

B

Balanced Score Card (BSC)

Kaplan und Norton haben 1997 ein Steuerungsmodell für Unternehmen entwickelt mit dem Ziel, ein ausgewogenes Verhältnis der Steuerungsgrößen in Unternehmen zu erreichen. Ausgehend von der Strategie werden Messgrößen definiert, die die Leistungsfähigkeit des Unternehmens darstellen.

Beispiel eines Zielvereinbarungsprozesses mit der BSC Logik:

BSC	Ziele	Messgrößen	Maßnahmen	Gewichtung	Zielerreichung in %
Finanzen					
Markt					
Prozesse					
Human Ressources					
		Summe		%	%

In den meisten Fällen werden Unternehmen rein nach finanztechnischen Kennzahlen geführt (Gewinn, Umsatz, Rendite etc.). Kaplan und Norton haben festgestellt, dass es sehr gefährlich und einseitig ist, Unternehmen damit zu steuern, aber auch zu bewerten. Ein Unternehmen könnte z. B. einige Jahre sehr gute Gewinne einfahren, indem die Aufwendungen in die Neuentwicklung von Produkten drastisch gekürzt werden. Die Folge davon wäre erst später zu spüren. Ebenso könnte ein Unternehmen die Gewinne erhöhen, indem es die Kosten für die Weiterbildung der Mitarbeiter extrem reduziert. Auch hier sind die Folgen nicht mittelbar zu spüren, aber dennoch gravierend, da die „Qualität" der Mitarbeiter sinken wird. Deshalb sollten folgende vier Kategorien bei der Steuerung des Unternehmens betrachtet werden: Finanzen, Markt/Produkte, Prozesse und Human Ressources/Entwicklung. Die Balanced Score Card eignet sich sehr gut als Basis für einen unternehmensinternen Zielvereinbarungsprozess.

Dabei werden Ziele zu den vier Kategorien der Balanced Score Card definiert. Diese werden mit einer Messgröße konkretisiert, es werden Maßnahmen/Aktionen definiert, die zum Erreichen dieser Ziele im Laufe des Jahres eingeleitet werden müssen. Es besteht auch die Möglichkeit die Ziele zu gewichten. Am Ende des Jahres kann dann die Zielerreichung gemessen werden

BCG Portfolio

Das Boston Consulting Portfolio ist eine Darstellung, die oft zur Analyse des Produktportfolios verwendet wird. Ziel ist es zu erkennen, wie sich das zukünftige Produktportfolio strategisch zusammensetzen soll. Dieses Portfolio wurde sehr stark von der Boston Consulting Unternehmensberatung eingesetzt, weshalb sich dieser Name eingebürgert hat.

Nehmen Sie sich in bestimmten Abständen Zeit, sich Ihr Produktportfolio anzuschauen. Dies ist eine der wichtigsten strategischen Aufgaben des Managements. Trauen Sie sich aber auch zu, sich von bestimmten Produkten zu trennen. Das Problem vieler Unternehmen ist ein „Bauchladen" mit vielen unrentablen Produkten.

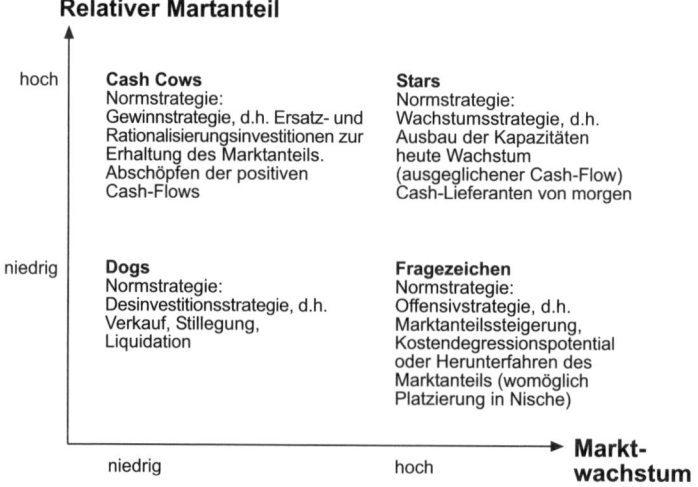

Benchmarking

Benchmarking ist ein kontinuierlicher, systematischer Prozess zum Vergleich der Arbeitsprozesse von Organisationen, die → best practice repräsentieren. Ziel ist es, die eigene Organisation zu verbessern. Ein erfolgreiches Benchmarking hat folgende Voraussetzungen bzw. Bestandteile:

* Kenntnis der Prozesse im eigenen Unternehmen,
* Kenntnis der eigenen Schwächen,
* Aufspüren der best practices,
* Umsetzung der Ergebnisse durch Anpassung an die Umgebung im eigenen Unternehmen.

Es gibt unterschiedliche Arten von Benchmarking:

1. Produktorientiertes Benchmarking

   Hier ist das Ziel, die Produkte des Wettbewerbers zu analysieren, um Verbesserungspotenziale am eigenen Produkt zu erkennen.

2. Prozessorientiertes Benchmarking

   Hier werden Produkte sowie zu deren Herstellung notwendige Prozesse erfasst. Hier ist das Ziel, die Prozesse im eigenen Unternehmen zu verbessern und somit die Leistungsfähigkeit zu erhöhen.

Der Benchmark kann wettbewerbsorientiert sein – dann werden Produkte oder Prozesse mit Unternehmen der gleichen Branche analysiert – oder generisch, dann werden Unternehmen anderer Branchen mit ähnlichen Prozessen herangezogen. Folgende Schritte sind bei einem Benchmark zu beachten:

* Bestimmung des Benchmarking-Objekts
* Beschreibung und Analyse
* Suche nach Benchmarking-Partnern
* Analyse der Unterschiede
* Maßnahmenplanung
* Sicherung der Ergebnisse

Best Practice

Aus dem Englischen: beste Verfahrensweise, bester Prozess zur Erbringung einer bestimmten Leistung.

Meist lässt sich über ein Benchmarking herausfinden, was das best practice ist. Scheuen Sie sich nicht, in bestimmten Abständen eigene Verfahren in Frage zu stellen und zu überprüfen, wer in der Branche zu diesem Thema Ideen erfolgreich umgesetzt hat.

181

BIMBO

Kombination von → Management-Buy-In und → MBO Management-Buy-Out. Es bedeutet, dass das Management des Unternehmens und ein externes Management das Unternehmen kaufen. Das Management von außen bringt intern nicht vorhandenes Managementwissen oder fehlendes Kapital mit.

Oft ist BIMBO eine gute Kombination für eine Firmenübernahme. Als Beteiligte von außen kommen dabei so genannte Business Angels in Frage. Dabei handelt es sich um Personen, die Kapital zur Verfügung haben sowie Erfahrung besitzen und beides in interessante Unternehmen investieren wollen.

Black Belt

Aus dem Englischen: Schwarzer Gürtel. Der Begriff stammt aus dem Judo und meint im übertragenen Sinne einen Mitarbeiter, der in der Qualitätsmanagement-Methode → Six Sigma ausgebildet ist und als Experte dieser Methode gilt.

Sinnvoll ist es, einige Mitarbeiter des Unternehmens, insbesondere aus der Produktion, zu black belts ausbilden zu lassen. Diese sollen dann die Six Sigma-Methode im Unternehmen fördern.

Break-Even-Analyse

Aus dem Englischen. Als Break Even man bezeichnet das Umsatzvolumen, ab dem ein Unternehmen in die Gewinnzone gelangt. Bis zum Erreichen des Break-Even-Punkts reichen die Deckungsbeiträge nicht aus, um die anfallenden Fixkosten des Betriebs zu decken.

Beispiel einer grafischen Break-Even-Analyse:

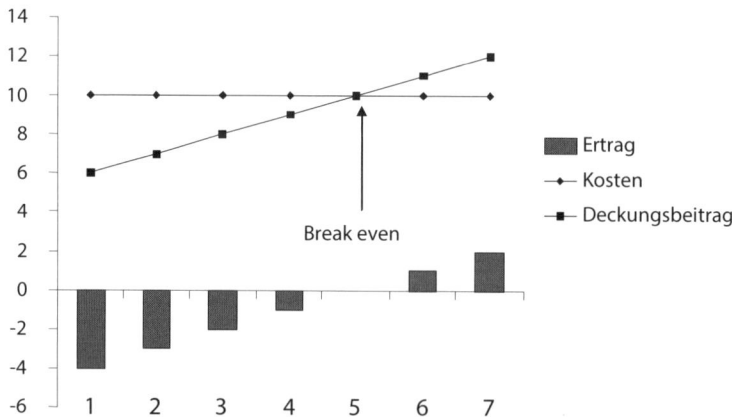

Ein häufiger Fehler ist, dass die Umsätze zu hoch und zu schnell eingeplant werden. Besser ist es, die Umsätze eher zu konservativ als zu optimistisch zu planen. Des weiteren wird oft vergessen, dass es über die Zeit auch eine so genannte „Preiserosion" gibt. Dieses Phänomen ist z. B. sehr stark in der Elektronikindustrie festzustellen: Ein heute gekaufter Computer ist morgen schon billiger zu haben. Wenn der Umsatz das Produkt aus Stück mal Preis ist und der Preis „unter Druck kommt", sinkt logischerweise der Umsatz und somit auch der Deckungsbeitrag.

Business Plan

Der Businessplan beschreibt die Geschäftsidee, das Konzept und die Ziele eines Projekts oder einer Unternehmensentwicklung. Er dient dazu, Investoren von einem Projekt oder Unternehmen zu überzeugen und sie für die Finanzierung zu gewinnen.

Ein Businessplan besteht aus folgenden Inhalten:

- Management Summary
- Marktübersicht
- Beschreibung des Markts
- Status quo
- Perspektiven
- Beschreibung der Geschäftsidee
- Wettbewerber
- → SWOT-Analyse
- „Why buy" (Kundensicht)
- Warum oder warum nicht in dieses Geschäft einsteigen?
- Marktzugangsstrategie
- Umsatz- und Kostenplanung mit folgenden Inhalten:
  - Personalplanung (Anzahl, Gehälter, Lohnnebenkosten, Gehaltssteigerungsraten)
  - Materialkostenplanung und Preiskalkulation
  - Umsatzplanung für drei Jahre
  - Investitionsplan und Abschreibungsplanung
  - Kosten aller notwendigen Positionen für den Start (Räume, Lager, Maschinen, Fahrzeuge, Schulungskosten, Beratungskosten usw.)
  - GuV-Plan
  - Liquiditätsplan
  - Cashflow-Planung
  - Kapitalbedarfsermittlung

- drei Szenarien (best, worst, real)
- Mitarbeiter mit Qualifikationen, die in Zukunft benötigt werden
- Meilensteinplanung = Konkretisierung der Strategie
- Welche Entscheidungen müssen getroffen werden?

Achten Sie darauf, bezüglich der Einnahmen eher konservativ zu planen und bei den Kosten einen Puffer für Unvorhergesehenes aufzunehmen. Die meisten Businesspläne sind viel zu optimistisch ausgelegt.

Business Process Reengineering

Hammer und Champy haben 1993 mit Ihrem Buch „Business reengineering" diesen Trend ausgelöst. Ziel ist die Erhöhung der Kundenzufriedenheit und die Verbesserung der Leistungsfähigkeit des Unternehmens in einer revolutionären Größenordnung. Dabei soll das Geschäftsmodell fundamental neu durchdacht werden, um das Unternehmen auf die neuen Anforderungen des Markts auszurichten. Dies wird durch eine radikale Erneuerung aller Unternehmensprozesse mit dem Ziel entscheidender Vereinfachung und damit Kostenreduktion und Qualitätssteigerung angestrebt.

Die Konzeption ist in ihrer grundlegenden Ausprägung → top-down orientiert und verspricht vor allem dann Erfolg, wenn hoher Veränderungsdruck die Wahrnehmung bestimmt, also in der Krise.

Die Kernthemen sind:

- die Orientierung an den kritischen Geschäftsprozessen (Kernprozesse),
- die Ausrichtung der kritischen Geschäftsprozesse am Kunden (Fokus „Kunde"),
- die Konzentration auf die → Kernkompetenzen (core competence),
- die Nutzung modernster Informationstechnologien.

Reengineeringkonzepte sind von der Vorgehensweise sehr mechanistisch. Der Mensch spielt eine eher untergeordnete Rolle. Der Schwerpunkt liegt darin, das Unternehmen strategisch neu zu modellieren und strukturieren. Dabei geht der → Change Manager in vier Schritten vor:

1. Positionierung
2. Prozessbeschreibung
3. Prozessredesign
4. Controlling

Die meisten BPR-Projekte scheitern, da dem oberen Management häufig der Mut fehlt, die Konzepte auch wirklich zu verwirklichen. Es bleibt somit oft bei Gedankenspielen.

C

Cappuccino-Worker

Ein Arbeitnehmer, der Jobs bei verschiedenen Auftraggebern hat. Die Zusammensetzung ist wie bei einem Cappuccino: Der Hauptjob, der die Miete sichert, entspricht dem schwarzen Kaffee. Dazu kommen als Milchschaum Nebenjobs und als Schokopulver unregelmäßige Sonderprojekte.

Falls Sie einen Zweitjob aufnehmen wollen, klären Sie mit Ihrem Arbeitgeber im Vorfeld ab, ob er dem zustimmt. Lassen Sie sich dies schriftlich durch die Personalanteilung bestätigen.

Case for Change

Aus dem Englischen: a case for something = es besteht eine Notwendigkeit, change = Veränderung. Hiermit wird der Grund für eine Veränderung bezeichnet – eine ganz wichtige Frage, die man sich bei jedem Veränderungsprojekt stellen sollte. Folgende Fragen helfen bei der Beantwortung:

1. Was ist am bisherigen Produkt, Prozess oder Ablauf schlecht?
2. Was ist das Gute am bisherigen Status?
3. Warum wollen wir eine Veränderung?

Case study

Zu Deutsch: Fallstudie. Bei einer case study wird eine Situation genau analysiert und die daraus gewonnen Erfahrungen auf ein anderes Vorhaben übertragen. Dabei werden in der Regel folgende Aspekte betrachtet:

Fallstudien eignen sich hervorragend, um bestimmte Ideen zu konkretisieren und die Rahmenbedingungen besser zu verstehen. Insbesondere bei größeren Projekten empfiehlt es sich, eine Fallstudie anfertigen zu lassen.

Casual Friday

Dieser englische Ausdruck bezeichnet einen Trend, der aus Amerika nach Europa übergreift. Unternehmen lockern am Freitag die strenge Kleiderordnung: Statt Anzug mit Krawatte sind den Mitarbeitern dann auch T-Shirt und Turnschuhe erlaubt.

Der Casual Friday ist eine gute Möglichkeit, durch Kleidung die Arbeitsatmosphäre zu entspannen. Regeln Sie jedoch im Vorfeld, dass Mitarbeiter, die Kundenkontakt haben, davon ausgenommen sind.

Change Management

Es handelt sich um ein zunehmend angewendetes Betätigungsfeld, das sich mit der zielgerichteten Veränderung und Entwicklung von Organisationen beschäftigt. Dazu gehören z. B. Strategieentwicklung, Organisationsdiagnosen und Begleitung von Veränderungsprozessen.

Organisationen befinden sich in einem permaneten Wandel. Veränderungen der Aufgaben und Prozesse kommen immer schneller auf die Menschen zu. Hier können Ängste, innere Blockaden, aber auch Widerstand gegen die Veränderungen entstehen. Folgende Ängste sind oft anzutreffen (nach Klaus Doppler):

- Lohn/Gehalt: Einkommenseinbußen
- Sicherheit: Verlust des Arbeitsplatzes, Übernahme neuer Aufgaben
- Kontakt: Angst, dass gute persönliche Beziehungen verloren gehen oder dass man in ein "schwieriges Umfeld" versetzt wird
- Anerkennung: Überforderung, schlechter Ruf der neuen Funktion
- Selbstständigkeit: Wird der Handlungsspielraum und die Entscheidungsbefugnis kleiner?
- Entwicklung: Kann das neue Umfeld Lernbedürfnisse und Karriereambitionen befriedigen?

Mitarbeiter reagieren dabei oft entweder mit „Winterschlaf", indem sie Dienst nach Vorschrift machen und nur noch bedingt den Anweisungen ihres Vorgesetzten folgen, oder mit operativer Hektik, bei der Aktionismus den Tag prägt, Projekte generiert werden, überall mitgemischt wird, um in einem guten Licht zu erscheinen. Beide Verhaltensmuster sind eher kontraproduktiv und gefährden das operative Geschäft. Dieses läuft aber weiter und muss sichergestellt werden. Insbesondere zum Thema Organisationsdiagnose ist es deshalb empfehlenswert, einen erfahrenen Berater einzubinden, weil der Blick von außen hilft, Dinge aufzudecken, für die man selbst blind ist.

Folgende Grundsätze sind bei Change-Prozessen zu beachten:

- Nicht nur die Führungskräfte im Fokus sehen, sondern auch die Mitarbeiter.
- Der Auswahlprozess der Führungskräfte und Mitarbeiter, die gehen und die bleiben, muss transparent sein.
- Das Informations- und Kommunikationskonzept ist sehr wichtig.
- Sauberes Projektmanagement ist notwendig.
- Die Spielregeln der Veränderung müssen klar sein und gelebt werden.
- Ängste müssen aufgefangen werden. Würdigung und Trauerarbeit gehören auch dazu.
- Die Identifikation mit der neuen Organisation muss hergestellt werden.

Claim Management

Eine Vorgehensweise, bei der ein Unternehmen in einem Projekt versucht, seine Interessen maximal durchzusetzen. Fehler oder Unachtsamkeiten des Kunden werden in Zusatzforderungen umgewandelt.

Claim Management wird bei hart umkämpften Aufträgen immer wichtiger. Schulen Sie Ihre Mitarbeiter darin, es professionell umzusetzen.

Aus Lieferantensicht bedeutet dies, Verträge so zu gestalten, dass sämtliche Änderungswünsche zu Mehrkosten führen. Dies sieht in der Regel so aus, dass dem Kunden extrem günstige Angebote gemacht werden. Nachdem er bestellt und womöglich noch eine Anzahlung geleistet hat, ist er sozusagen „gefangen". Wenn er Änderungswünsche hat, werden diese nur gegen zusätzliche Bezahlung umgesetzt. Ein Beispiel: Ein Bauherr hat mit einem Bauunternehmen einen sehr günstigen Preis für die Errichtung seines Hauses ausgehandelt. Nun hat er während der Bauphase Änderungswünsche. Er will andere Fliesen im Bad haben. Daraufhin verlangt der Bauunternehmer nun das Doppelte des normalen Fliesenpreises.

Aus Kundensicht heißt dies, Verträge so zu gestalten, dass sämtliche Änderungswünsche nicht zu Mehrkosten führen. In der Regel werden die Leistungsanforderungen am Anfang eher heruntergespielt und im Laufe des Projekts durch Nachforderungen oder Reklamationen erhöht. Ein Beispiel: Ein Kunde bestellt eine Telefonanlage für einen günstigen Preis unter der Versicherung, dass er ja nur eine einfache Anlage benötigt, „die funktioniert". Nach der Installation beschwert er sich, weil bestimmte Leistungsmerkmale nicht vorhanden sind, und erreicht, dass der Lieferant (um den Kunden zufrieden zu stellen) die zusätzlichen Leistungen kostenlos nachliefert.

Co-Branding

Englisch: brand = Marke. Gemeint ist damit der gemeinsame Auftritt von mehreren Marken, die z. B. als Sponsoren einer Veranstaltung zusammenarbeiten. Co-Branding soll die positiven Merkmale einer Marke auf die jeweils anderen übertragen.

Überlegen Sie sich genau, mit wem Sie ein Co-Branding durchführen. Sollte die andere Marke in Verruf kommen, kann sich dies auch negativ auf Ihre Marke auswirken.

Coaching

Aus dem Englischen. Im ursprünglichen Sinn des Wortes ist einfach „trainieren" gemeint. Daraus hat sich die auf Einzelpersonen zentrierte Beratung entwickelt. Coaching kann Führungskräften helfen, ihre Situation zu reflektieren und die richtigen Entscheidungen daraus abzuleiten. Typische Gründe für Coaching sind:

- Ich würde gerne meine berufliche oder private Situation mit jemandem besprechen.
- Ich möchte eine Rückmeldung bekommen, wie mein Führungsverhalten auf andere wirkt.
- Ich stehe oft unter Stress und suche nach einer Lösung.
- Auf eine neue Aufgabe, die in Kürze auf mich zukommt, würde ich mich gerne zusammen mit jemandem vorbereiten.
- Ich habe relativ viel erreicht in meiner Position, doch wie die Dinge augenblicklich liegen, weiß ich nicht, ob das meine Zukunft sein soll.
- Ich habe aus meiner näheren Umgebung einige Hinweise erhalten, dass es bei mir Veränderungsbedarf gibt. Dies will ich mit jemandem besprechen.
- Ich bin etwas ausgebrannt, meine Leistungsbilanz gibt Anlass zur Besorgnis.
- Ich habe Konflikte mit meinen Mitarbeitern.
- Ich möchte mein Führungshandeln strategisch wirksamer ausrichten.

Coaching hat immer noch den Beigeschmack, dass derjenige, der es in Anspruch nimmt, ein Defizit hat, also nur für den notwendig ist, der sein Geschäft nicht im Griff hat. Genau das Gegenteil ist der Fall! Scheuen Sie sich nicht, Ihr Verhalten und Ihre Ideen mit einem Profi zu reflektieren. Dies ist eher ein Zeichen von Professionalität und kann Ihnen helfen, Ihre „blinden Flecken" aufzudecken.

Competitive Intelligence
Mit dem englischen Begriff sind Informationen über die Konkurrenz gemeint. Competitive Intelligence bewegt sich im Grenzbereich zwischen legalen und vertraulichen Informationen über den Wettbewerber.
Es gibt am Markt so genannte Info-Broker, deren Geschäftsmodell es ist, alle möglichen legalen Informationen über Unternehmen zu beschaffen. Sollten Sie sich über einen Wettbewerber schlau machen wollen, ist ein Info-Broker sicher eine gute Adresse.

Core Competence
Kernkompetenz. Die Leistungen, die ein Unternehmen bestimmen und von ihm selbst erbracht werden sollten. Jedes Unternehmen sollte sich über seine Kernkompetenz im Klaren sein. Dabei helfen folgende Fragen:
1. Welche Leistungen unterscheiden uns vom Wettbewerber und machen uns einzigartig?
2. Welches Wissen darf unser Unternehmen nicht verlassen?
3. Welche Leistungen sind für den Wettbewerb schwer nachzumachen?

Corporate Design (CD)

Ein einheitliches, für das Unternehmen gleichbleibendes, optisches Erscheinungsbild, z. B. Firmenlogo, prägnante Schriftzüge, typische grafische Gestaltung usw., das den Wiedererkennungswert ausmacht. Die systematische Gestaltung aller visuellen Elemente eines Unternehmens heißt Corporate Design.

In Zeiten von PC und Laptop passiert es schnell, dass jeder Mitarbeiter sich seine eigenen Vorlagen bastelt. Dies fängt bei der E-Mail-Signatur an und hört bei Briefköpfen auf. Achten Sie insbesondere bei digitalen Vorlagen darauf, dass diese immer aktuell und einheitlich sind und jeder Mitarbeiter weiß, wo er sich diese beschaffen kann.

Corporate Identity (CI)

Gemeint ist damit Identität und Selbstverständnis des Unternehmens einschließlich der Unternehmenskommunikation und der Verhaltensweisen der Mitarbeiter. Häufig wird die CI in den Unternehmensleitlinien definiert.

Die Basis der CI ist ein gemeinsames Verständnis dessen, was das Unternehmen ausmacht und womit sich der Mitarbeiter identifiziert. Unternehmensleitlinien zu erstellen, ist zwar lobenswert, dies reicht jedoch bei weitem nicht aus. Ganz wichtig ist hier die Kommunikation zwischen der Unternehmensleitung und den Mitarbeitern. Nur wenn der Chef seine Werte immer wieder kommuniziert und vorlebt, kann ein Wertesystem entstehen, mit dem sich die Mitarbeiter identifizieren können.

Cost Driver

Zu Deutsch: Kostentreiber. Cost Driver bestimmen das Kostenverhalten einzelner Geschäftsprozesse. Sollen Geschäftsprozesse optimiert werden, ist es eine der wichtigsten Aufgaben, Kostentreiber zu identifizieren und zu analysieren.

Oft werden bei Kostenanalysen alle möglichen Kosten analysiert. Vor lauter Bäumen sieht man dann nicht mehr den Wald. Bitten Sie Ihre Mitarbeiter die 3–4 wesentlichen Kostentreiber eines Geschäftsprozesses herauszufinden. Wenn Sie diese im Griff haben, sind sicherlich 80 % der Einsparung erzielt.

Customer Care Management (CCM)

Kundenbetreuung, Vertriebsinnendienst. Gemeint sind die Abteilung und/oder die Personen, die als Ansprechpartner für die Kunden fungieren. Oft sind diese die Schnittstelle zwischen dem Vertrieb, der Entwicklung und der Produktion, oft sind sie aber auch für die Reklamationsbearbeitung verantwortlich.

Die Bedeutung von CCM wächst kontinuierlich. Die Softwareprogramme werden zwar immer leistungsfähiger und können alle Daten erfassen und auswerten. Dies nützt jedoch wenig, wenn die Prozesse im Hintergrund nicht stimmen. Wenn z. B. die Reklamationsquote erfasst wird, sich aber niemand um die Kunden kümmert und Gegenmaßnahmen einleitet, ist dies nicht wertschöpfend. Deshalb sollten zuerst die Prozesse sichergestellt werden und dann eine Software aufgesetzt werden. Sonst bleibt vom CCM nur ein reiner „Datenfriedhof".

Customer Relationship Management (CRM)

Der Prozess des CRM (Kundenbeziehungsmanagement) registriert und beeinflusst alle Kundeninteraktionen im Unternehmen. Das Ziel des CRM ist es, Kunden dauerhaft an das Unternehmen zu binden und dem Kunden eine größere, maßgeschneiderte Produktbreite anbieten zu können. Dazu wird nicht nur das Kundenverhalten analysiert, sondern es werden auch Maßnahmen und Prozesse zur Steigerung der Kundenzufriedenheit durchgeführt. Damit das Unternehmen eine konsequente Kundenorientierung erreichen kann, stehen beispielweise spezielle CRM-Software-Systeme zur Verfügung.

D

Data Mining

Aus dem Englischen: „Graben" nach Kundendaten – ob mit oder ohne dessen Wissen. Ziel ist es, von den Kunden ein Benutzerprofil zu erhalten. So soll das Marketing besser auf den einzelnen Kunden ausgerichtet werden.

Data Mining bekommt insbesondere im Zusammenhang mit Kundenbonitätsprüfungen eine größere Bedeutung. Unternehmen haben sich darauf spezialisiert, Kundendaten zu sammeln und am Markt als Informationen anzubieten. Sollten Sie an Endverbraucher Produkte verkaufen, ist Data Mining sicher eine gute Methode, Bonitätsprüfungen im Hintergrund laufen zu lassen. Die Frage nach dem gläsernen Konsumenten ist jedoch eine ganz andere.

Data-Warehouse-System

Aus dem Englischen, wörtlich: Daten-Lagerhaus. Mit diesem Begriff wird Software bezeichnet, die wichtige Unternehmensinformationen speichert und diese entsprechend aufbereitet den Mitarbeitern anbietet.

In vielen Unternehmen sind unterschiedliche Systeme im Einsatz. Sehr oft werden Daten mehrfach erfasst und können nicht gemeinsam ausgewertet werden. Eine „Metadatenbank", die die Daten der einzelnen Systeme zusammenführt, ist für die meisten Unternehmen ein Muss.

Desksharing

Auch „Shared Desk" genannt: desk = Schreibtisch und to share = teilen. Organisationsform, bei der Mitarbeiter keinen festen Schreibtisch mehr haben, sondern sich einfach an den nächsten freien Arbeitsplatz setzen. → Morphing Office

Für den Arbeitgeber bringt Desksharing den Vorteil niedrigerer Raumkosten, da er nicht für jeden Mitarbeiter einen Arbeitsplatz zur Verfügung stellt. Mitarbeiter genießen in der Regel flexiblere Arbeitszeiten. Weil sie oft im Home Office arbeiten, lassen sich ggf. Familie und Beruf besser vereinbaren.

Due Dilligence (DD)

Aus dem Englischen, wörtlich: nötige Sorgfalt. Bezeichnet die genaue Prüfung eines Unternehmens durch Investoren als Basis von Investitionsentscheidungen. Due Dilligence ist ein fester Bestandteil der Unternehmensbewertung bei einem bevorstehenden Börsengang. Folgende Aufstellung stellt verkürzt dar, welche Punkte in einer DD geprüft werden:

- Rechtliche Verhältnisse und Kapitalstruktur
- Wesentliche Geschäftsinformationen
- Personal
- Organisation
- Vertrieb
- Beschaffung
- Versicherungen
- Steuern
- Finanzwesen
- Kreditlinien
- Liquidität
- Vermögenswerte
- Bilanzanalyse
- Analyse der Planungsrechnung
- Zusammenfassende Darlegung der wirtschaftlichen Lage
- Erfolgspotenziale des Unternehmens
- Risikozusammenfassung (auch aus nicht bilanzierungswirksamen Positionen)
- Überschlägige Unternehmenswertschätzung

E

E-Recruitment

Der englische Begriff recruiting bedeutet Rekrutierung, Anstellen von Mitarbeitern. E-Recruiting, also Electronic Recruiting, bedeutet die Suche nach neuen Mitarbeitern im Internet auf der Firmen-Homepage, über Jobbörsen und Social Media. Über das bloße Stellenangebot hinaus wird beim E-Recruiting auch der gesamte Bewerbungsprozess über das Internet abgewickelt. Die Unternehmen stellen auf ihrer Homepage Software zur Abwicklung von Online-Bewerbungen bereit, auf denen Bewerber ihre persönlichen Daten hinterlegen können. Darüber hinaus können online Zeugnisse, Beurteilungen oder Bewerbungsfotos übermittelt werden. Mit E-Recruiting können die Unternehmen bei der Personalbeschaffung Kosten und Zeitaufwand reduzieren.

Employee Satisfaction Survey

Aus dem Englischen: Befragung zur Mitarbeiterzufriedenheit. Typische Themen, die abgefragt werden, sind

- Arbeit, Arbeitsplatz und Organisation
  - Aufgaben, Arbeitsbelastung, Sinnhaftigkeit
  - Prozessabläufe und Organisation
  - Arbeitsplatzgestaltung, Arbeitszeit, autonome Gestaltung
  - Arbeitsbedingungen, Ergonomie, Umweltbelastungen
  - Einbettung des Arbeitsplatzes im Unternehmen, Bereich
  - Gehalt, Benefits, Sozialleistungen

- Zusammenarbeit und Kooperation
  - innerhalb des Bereichs
  - mit vor- und nachgeordneten Stellen
  - in Projekten und sonstigen Arbeitsgruppen
  - im Unternehmen

- Kommunikation und Information
  - im Unternehmen gesamt
  - zwischen Führungskraft und Mitarbeiter
  - der Kollegen untereinander
  - zu bestimmten Themen z. B. Produkten, Vertriebswegen etc.
  - Informationswege, Intranet, Mitarbeiterzeitung etc.

- Führung und Vorgesetzter
  - Führung im Unternehmen gesamt
  - fachliche, methodische und soziale Fähigkeiten des Vorgesetzten

- Eigenverantwortung und Partizipation
  - Einbindung von Ideen und Meinung der Mitarbeiter
  - Entfaltungsmöglichkeiten, Leistungsfähigkeit und Leistungsbereitschaft

- Weiterbildung und Entwicklung
  - Weiterbildungsmöglichkeiten
  - Karrierepfade, Entwicklungsmöglichkeiten

- Unternehmen
  - Identifikation mit dem Unternehmen, Ruf und Ansehen der Firma
  - Rolle des Unternehmens als Arbeitgeber
  - Aktionsradius des Unternehmens (Produkte, Standorte, soziales Engagement etc.)
  - Gesamtzufriedenheit mit dem Unternehmen

- Statistik
  - Alter, Geschlecht, Mitarbeitergruppe, Betriebszugehörigkeit, Standort, Hierarchie, eventuell Bereichs- und Abteilungszugehörigkeit

Wenn ein guter Kontakt zwischen Management und Mitarbeitern besteht, kann auf eine Mitarbeiterbefragung verzichtet werden, weil die meisten der oben genannten Themen gleich angesprochen werden. Es zeigt sich jedoch, dass eine Mitarbeiterbefragung insbesondere in größeren Organisationen neue Erkenntnisse über das Verhältnis der Mitarbeiter zum Unternehmen bringen. Das Ziel ist es dabei nicht nur, Defizite zu entdecken, sondern auch Entwicklungen, also Verbesserung oder Verschlechterung, nachzuvollziehen. Aus diesem Grund ist es empfehlenswert, Mitarbeiterbefragungen regelmäßig durchzuführen, mindestens im zweijährigen Rhythmus.

Employer Branding

Unter dem Begriff Employer Branding (employer = Arbeitgeber, brand = Marke) werden alle Aktivitäten eines Unternehmens zusammengefasst, sich als attraktiver Arbeitgeber zu positionieren. In Zeiten des Fachkräftemangels verstärken Unternehmen ihre Bestrebungen, die besten Kräfte zu finden und an sich zu binden, was naturgemäß leichter gelingt, wenn der Arbeitgeber als besonders attraktiv gilt und sich so vom Wettbewerb abhebt. Das Employer Branding verwendet dazu Techniken des klassischen Marekting, wobei nicht nur die Zahl von passenden Bewerbern gesteigert, sondern auch das Recruiting als solches effizienter werden soll. Wenn das Unternehmensleitbild durch Maßnahmen des Employer Branding aussagekräftig gestaltet ist, bewerben sich eher solche Interessenten, die gut zum Unternehmen passen.

Empowerment

Aus dem Englischen: Ermächtigung, Bevollmächtigung. Dabei wird Verantwortung an die ausführenden Stellen übertragen und somit der Handlungsspielraum und die Motivation der Mitarbeiter erhöht.
Achten Sie darauf, dass die Mitarbeiter in der Lage sind, diese Verantwortung zu übernehmen. Es kann sehr schnell passieren, dass der Mitarbeiter sich überfordert fühlt und eher in eine Handlungslethargie verfällt, anstatt „Gas zu geben". Ein in-

tensives Gespräch mit dem Mitarbeiter gibt Ihnen Aufschluss über seine Handlungsmotivation.

Enterprise Resource Planning (ERP)

Aus dem Englischen: Planung der Auftragsabwicklung innerhalb eines Unternehmens – vom Angebot über die Produktion bis zur Auslieferung. Es gibt eine Software, die diese Planung erleichtert.

Es herrscht immer noch die Illusion vor, mit einer Software das Unternehmen „beherrschen" zu können. Viele ERP-Projekte sind mit diesem Vorsatz gestartet. Es zeigt sich jedoch, dass die Idee, die Komplexität einer großen Organisation in einem System abzubilden, tagesaktuell zu pflegen und damit ein Unternehmen zu steuern, nicht funktioniert. Sinnvoller ist es, an vielen Stellen die Steuerung zu dezentralisieren. Bestes Beispiel sind Gruppenarbeit oder teilautonome Arbeitsgruppen.

F

Facility Management

Aus dem Englischen: Das Verwalten und Betreuen von Einrichtungen, z. B. Gebäuden, auch „ganzheitlich", also vom Baubeginn bis zum Abriss.

Immer mehr Unternehmen lassen diese Leistung durch externe Dienstleister erbringen. Dazu zählt nicht nur die „Hausmeistertätigkeit", sondern auch die Instandhaltung bis hin zum Werksschutz.

FMEA

Fehlermöglichkeits- und Einflussanalyse. Der Begriff benennt eine Methode zur Überprüfung eines Produkts auf mögliche Fehler, sowohl in der Entwicklung (K-FMEA) als auch für den noch aufzubauenden Produktionsprozess (P-FMEA). Dabei sind folgende Schritte zu beachten, die sehr präzise zu dokumentieren sind:

1. Systemelemente und Systemstruktur definieren
   - Alle beteiligten Systemelemente erfassen
   - Systemstruktur erstellen

2. Funktionen und Funktionsstrukturen festlegen
   - Funktionen in die Systemstruktur eintragen
   - Funktionen verknüpfen und im Funktionsnetz darstellen

3. Fehleranalyse erstellen
   - Fehlfunktionen in die Systemstruktur eintragen
   - Fehlfunktionen verknüpfen und im Fehlernetz darstellen

4. Risikobewertung vornehmen
   – Anfangszustand (Ist-Zustand) mit Vermeidungs- und Entdeckungsmaß-
     nahmen bewerten
   – Verantwortliche und Termine benennen

5. Optimierung durchführen
   – Änderungsstand erarbeiten
   – Risiko mit weiteren Maßnahmen mindern
   – Verantwortliche und Termine benennen

Beispiel eines FMEA Formblatts:

FMEA				Artikelnummer	Verantwortlich: Lieferant:	Erstellt:
				Änderungsstand:	Verantwortlich: Firma:	Erstellt: Verändert:
	Produkt / Prozess:	Mögliche Fehlerfolgen	Mögliche Fehler	Mögliche Fehlerursachen	Vermeidungs- maßnahmen	Entddeckungs- maßnahmen	Anmerkungen

FAQ

Aus dem Englischen: Frequently Asked Questions = oft gestellte Fragen. Bezeichnet Fragen, die so oft gestellt werden (z. B. von Kunden), dass man sie schon einmal vorsorglich beantwortet.

FAQs können auf alle Lebenslagen im Unternehmen angewendet werden. Es macht häufig Sinn, sich die typischen Fragen im Vorfeld zu überlegen und zu beantworten, da es das Verständnis für das Neue erleichtert.

Full Time Equivalent (FTE)

Aus dem Englischen: Geschlechtsneutralisierter Begriff für Manntage oder Stellen. Dabei werden nicht „Köpfe" gezählt, sondern vollwertige Arbeitsplätze. Zwei Halbtagsstellen sind in dieser Rechnung eine FTE.

Achten Sie darauf, dass bei Ihren Darstellungen der Mitarbeiterzahlen beide Größen definiert werden, also die Anzahl Mitarbeiter und die FTE. Nur so bekommen Sie einen tatsächlichen Überblick über die Struktur Ihrer Belegschaft.

G

Gardinengeld

Vergütung für Umzugskosten. Legen Sie am besten einen Pauschalbetrag mit dem Mitarbeiter fest. Dies ist in der Regel günstiger, als wenn Sie Rechnungen übernehmen. Der Mitarbeiter ist dann bestrebt, den Umzugsprozess zu optimieren und so wenig Geld wie möglich auszugeben.

Geschäftsprozessanalyse und -optimierung

Bei der Geschäftsprozessanalyse (GPA) und Geschäftsprozessoptimierung (GPO) handelt es sich um eine systematische Vorgehensweise zur Optimierung der aktuellen Prozesse mit dem Ziel:

- Kosten zu sparen,
- die Qualität des Prozesses zu erhöhen,
- den Durchlauf des Prozesses zu beschleunigen und
- die Sicherheit des Prozesses zu erhöhen.

1. In einem ersten Schritt werden die Prozesse aufgenommen.
2. Im zweiten Schritt werden die Prozesse in Ihrer Leistungsfähigkeit beschrieben.
3. Im dritten Schritt werden die Ergebnisse analysiert, nach Aufwand oder nach Schnittstellen.

Beispiel für Schritt 1: Erhebungstabelle

Geschäfts-prozess	Aufgabe	Zuständig	Personal-aufwand	Dauer	Aufwand für Fremd-leistungen	Grad der DV-Unter-stützung (HMN)	Anmerkungen
		Summe					

Beispiel für Schritt 2: Beschreibung der Leistungsfähigkeit der Prozesse

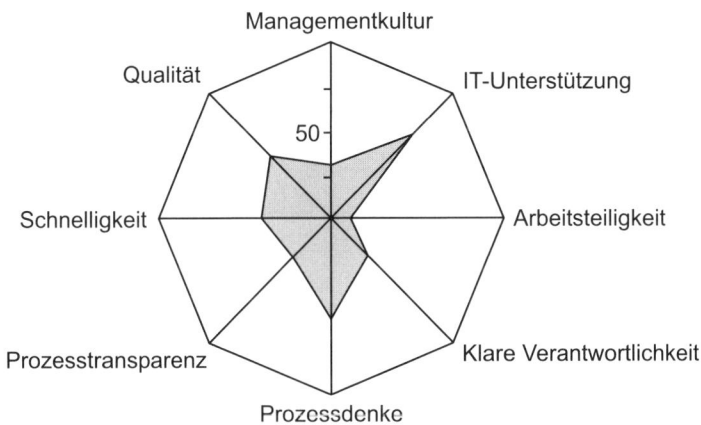

Beispiel für Schritt 3: Tabelle nach Aufwand

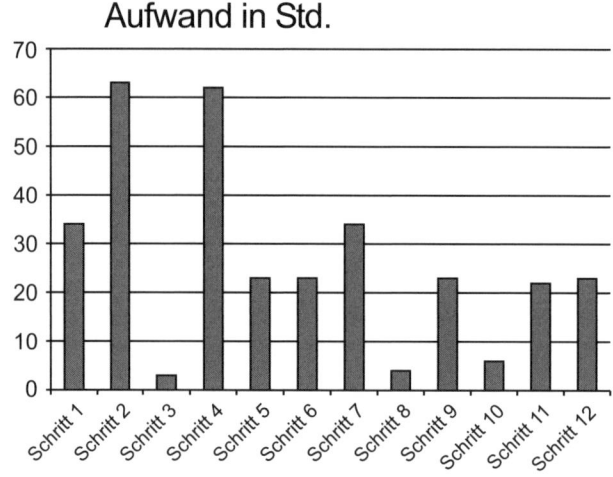

Aufwand in Std.

Beispiel für Schritt 3: Tabelle nach Schnittstellen

Prozess-schritte	Aufwand	Dauer	OE1	OE2	OE3	OE4	OE5	OE6	OE7	OE8
Schritt 1	3	4	X							
Schritt 2	43	453				X				
Schritt 3	5	45		X						
Schritt 4	23	43			X					
Schritt 5	54	43		X						
Schritt 6	7	65				X				
Schritt 7	34	4			X					
Schritt 8	6	4			X					
Schritt 9	34	5			X					
Schritt 10	23	45	X							
Schritt 11	66	73			X					

Geschäftsprozessoptimierungen werden oft durch externe Unternehmensberater durchgeführt. Dies ist nicht unbedingt der optimale Ansatz. Die besten Ergebnisse werden erzielt, wenn externe Berater die Analysen und deren Interpretation in Zusammenarbeit mit Mitarbeitern des Unternehmens durchführen. Dabei sollten folgende Schritte beachtet werden:

- Identifikation der zu optimierenden Prozesse
- Festlegung des Prozessverantwortlichen
- Analyse des Prozesses (qualitativ und quantitativ)
- Ausarbeitung von Optimierungsvorschlägen
- Risikobewertung
- Einbindung der Beteiligten
- Pilotierung
- Umsetzung

Greenfield Approach

Zu Deutsch: Grüne-Wiese-Ansatz. Planungsart, bei der ohne belastende Rahmenbedingungen geplant werden kann.
Die klassische Frage des greenfield approachs ist: Wenn wir das Geschäft heute neu starten würden, wie würden wir uns aufstellen?

H

Head count

Zahl der Köpfe. Gemeint ist die Anzahl der Mitarbeiter.

High Potential

Wörtlich übersetzt: hohes Potenzial. Gemeint ist eine Nachwuchskraft mit großem Entwicklungspotenzial. High Potentials haben nicht nur einen vorzüglichen Studienabschluss vorzuweisen, sondern auch Praxiserfahrung und ausgezeichnete Fremdsprachenkenntnisse. Außerdem sollen sie auch durch ihre Persönlichkeit für spätere Führungsaufgaben prädestiniert sein, das heißt, man verlangt von ihnen Teamfähigkeit, Kreativität und Kommunikationsstärke.
Viele Personalabteilungen legen Nachwuchsförderprogramme auf, um High Potentials in das Unternehmen zu locken und sie auch dort weiter zu entwickeln. Das Problem ist aber oft, dass dann keine adäquaten Stellen vorhanden sind. Aus diesem Grund kommt es nicht selten vor, dass diese Mitarbeiter das Unternehmen nach kurzer Zeit wieder verlassen.

Human Ressource Management

Englischer Ausdruck für Personalarbeit. Dabei sind folgende Prozesse zu beachten:

- Personalplanung: „Klarziehen" der Personalbudgets, Erstellen von Stellenplänen und Organigrammen.
- Personaleinstellung: Suchen und Einstellen der Mitarbeiter, d. h. Definition der Anforderungen, Anzeigenschaltung, Zusammenarbeit mit Personalberatern, Personalmarketing, Steuerung des Auswahlprozesses und Sicherstellung der Arbeitsverträge.
- Personaleinsatz: Mitarbeiter im Unternehmen anderweitig einsetzen. Dazu gehören die interne Stellenausschreibung, die Eingruppierung der Stelle und die Versetzung des Mitarbeiters.
- Personalbetreuung: Eingruppierung der Mitarbeiter, Ansprechpartner für die Mitarbeiter, Ausstellung von Zwischenzeugnissen, Leistungsbeurteilungen etc.
- Personalentwicklung: Weiterentwicklung der Mitarbeiter im Unternehmen. Dazu gehören:
  - Zielvereinbarungsprozess definieren
  - Auslandseinsatz koordinieren
  - Skill-Management
  - Ernennung
  - Ausbildung
  - Fort- und Weiterbildung
  - Leistungsbeurteilungssystem
  - Studienförderung
  - Führungsnachwuchsgruppen ausbilden
  - Besetzung von Führungspositionen
  - Job-Rotation
  - Bildungslebensläufe erstellen
- Personalabrechnung: Pünktliche Abrechnung und Berücksichtigung aller tariflichen, gesetzlichen und steuerlichen Belange.
- Personalaustritt: Der Prozess des Personalaustritts ist in vielen Unternehmen nicht sauber geregelt. Hierbei geht es darum, dass neben dem Erstellen eines Arbeitszeugnisses auch die Weitergabe des Wissens an den Nachfolger sichergestellt wird, des Weiteren auch, dass alle Unterlagen, E-Mails, Visitenkarten und Arbeitsmittel wie Laptop oder Firmenfahrzeug abgegeben werden.
- Personalcontrolling: Erstellen von Statistiken, etwa Meldungen an das statistische Landesamt, Berechnung der Schwerbehindertenabgabe, Berufsgenossenschaft, Unfallversicherung, Gewerbesteuer und Pensionsrückstellungen. Meistens auch für die Festlegung der Vergütungshöhe zuständig.

Mitarbeiter aus Personalabteilungen sind oft „Kaminaufsteiger", d. h. dass sie nie andere Bereiche als die Personalabteilung kennen gelernt haben. Dies kann zu praxisfremden Personalkonzepten führen. Setzen Sie deshalb Personalmitarbeiter für einige Zeit in anderen Abteilungen ein.

Hurdle Rate

Aus dem Englischen: hurdle = Hürde (eigentlich ein Begriff aus dem Bereich Sport). Die Hürdenrate wird üblicherweise vom Vorstand vorgegeben. Sie bezeichnet eine Mindestrendite, die eine Investition, ein Unternehmensbereich oder ein Projekt erreichen muss.

Die Hürde sollte nicht zu hoch angesetzt sein. Es gibt Unternehmen, die vorgeben, dass sich Investitionen innerhalb von 1,5 Jahren rechnen müssen. Dies hat folgende Konsequenzen:

1. Entweder es gibt kaum noch Investitionen oder
2. es werden bei der Kalkulation unrealistische Annahmen beschrieben, um den Antrag genehmigt zu bekommen.

I

Ideenmanagement

Bezeichnet ein zielgerichtetes, systematisches Akquirieren und Verwerten von Mitarbeitervorschlägen und Ideen mit Ziel, die Effizienz zu steigern. In vielen Unternehmen wird es auch als betriebliches Vorschlagswesen bezeichnet.

Ein Ideenmanagement muss ständig leben. In den meisten Unternehmen wird jedoch wenig dafür getan. Als erfolgreich haben sich folgende Maßnahmen erwiesen:

1. Jeden Monat unterschiedliche Themen vorschlagen und die Mitarbeiter bitten, sich dazu Optimierungen zu überlegen,
2. Teams beauftragen, ein Thema zu optimieren,
3. Ideen kurzfristig prämieren (es nützt nichts, wenn der Mitarbeiter erst ein Jahr später für seine Idee belohnt wird),
4. ein Ranking der Anzahl von Ideen pro Abteilung aushängen und die Führungskräfte daran messen, wie viele Vorschläge ihre Mitarbeiter pro Monat/Jahr eingebracht haben.

IMV-Matrix

Mit einer IMV-Matrix besteht die Möglichkeit, Personen nach der Art ihrer Mitwirkung zuzuordnen. Dabei steht I für Information, M für Mitarbeit, V für verantwortlich. Die IMV-Matrix legt also fest, wer für eine Aufgabe verantwortlich ist, wer mitarbeitet und wer über den Fortschritt der Arbeit informiert werden muss. In Projekten ist diese Zuständigkeitsklärung sehr wichtig. Mit der IMV-Matrix kann der → Change Manager sämtliche definierten Aufgaben detailliert verteilen.

Beispiel einer IMV-Matrix:

IMV-Matrix	H. Blau	H. Grün	H. Schwarz	H. Dick	Fr. Dünn	H. Rot	H. Gelb	H. Sommer	Fr. Winter
Aufgabe 1	V	M	M	M	I	I	I		
Aufgabe 2	M	M	V		I	I			I
Aufgabe 3		I	M	I	I		M	M	V
Aufgabe 4	V	M		M	I	M	I	I	
Aufgabe 5			M	I	M			V	M
Aufgabe 6		I	I	V	M	M	M	I	
Aufgabe 7		V	I	I	I	I	I	I	I
Aufgabe 8		M	M	M	M	M	V		
Aufgabe 9		V	M	M	I			I	

Die IMV-Matrix empfiehlt sich immer dort, wo Sie befürchten müssen, dass sich niemand für eine Aufgabe verantwortlich fühlt.

Inbound Call Center

Aus dem Englischen: eingehender Anruf im Call Center, d. h. der Kunde meldet sich beim Unternehmen, die Aktivität geht von ihm aus.
Die Zahl der Inbound Call Center ist in den letzten Jahren sehr stark angewachsen. Die Einrichtung eines Inbound Call Centers ist dann sinnvoll, wenn Kapazitäten an einem Ort gebündelt werden sollen, um dadurch eine Effizienzsteigerung zu erreichen. Beispiele hierfür:

- Telefonempfang
- Hot-Line-Service
- Beschwerdetelefon
- Informations-Center

Innovationsmanagement

Innovationsmanagement ist das Managen der Innovationsprozesse im Unternehmen. Dazu gehören Forschung und Entwicklung, Patentmanagement, Schaffung einer innovationsfreundlichen Unternehmenskultur, Trendanalysen und Marktanalysen.

Typische Phasen eines Innovationsprozesses sind:

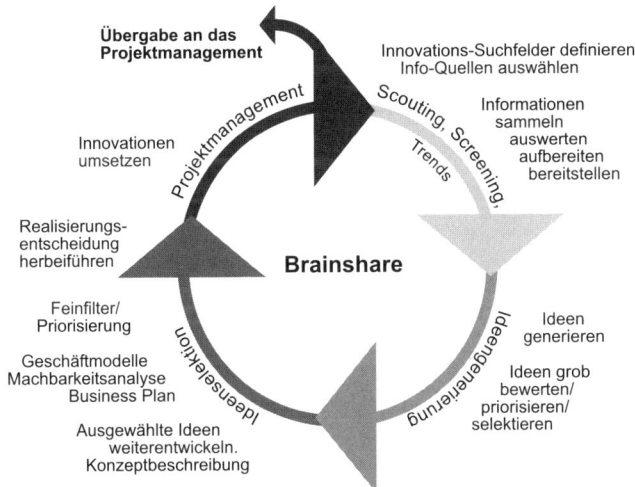

Quelle: Thomas Bungartz

Innovationsmanagement wird in vielen Unternehmen vernachlässigt, sollte aber Chefsache sein, da dadurch die Profite der Zukunft generiert werden. Der Schlüssel zum Erfolg ist die Schaffung einer innovationsfreundlichen Unternehmenskultur. Nur wenn alle Mitarbeiter mitdenken und ihre Ideen einbringen, ist ein Unternehmen innovativ (→ Ideenmanagement). Hierbei geht es nicht nur um Produktinnovationen, sondern auch um Prozessinnovationen.

Initial Public Offering (IPO)

Aus dem Englischen: Neuemission von Aktien eines Unternehmens. Dabei setzen die Banken, die den Börsengang begleiten, den Ausgabekurs fest.

Mit dem Ende der „Internet-Blase" Ende der 1990er, als viele Aktien bei der Neuemission maßlos überteuert angeboten wurden und viele Aktionäre viel Geld verloren hatten, ist das Thema IPO etwas in Verruf geraten. Es bleibt der Beigeschmack, dass es bei der Ausgabe der Aktien nicht primär darum geht, neues Kapital zu beschaffen, sondern die Altaktionäre zu bereichern. Ein Unternehmen sollte deshalb in der Kommunikation den Grund des IPOs klar und plausibel erklären.

Ishikawa-Diagramm

Fischgrätendiagramm. Eine Ideenfindungs- und Kreativitätsmethode nach dem Prinzip der Ursache-Wirkung.

Beispiel:

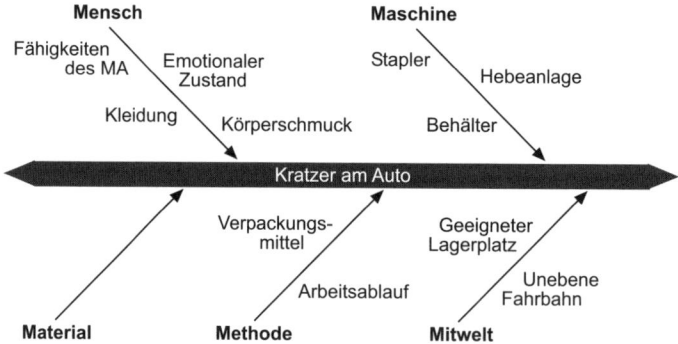

J

J-Kurve

Ein häufiger Kurvenverlauf in der Volkswirtschaft, auch Hockeystick-Effekt genannt, der ebenso bei Prozessen, Projekten oder Veränderungsprozessen in Unternehmen auftritt. Nach einer negativen Entwicklung zu Beginn folgt ein lang anhaltender Aufwärtstrend – vergleichbar der Form des Buchstabens J oder eines Hockey-Schlägers. Ursache für den anfänglichen Abfall sind Unsicherheiten oder Lernkosten, die kurz nach einer Produkteinführung dominieren. Erst in der zweiten Phase treten die positiven Effekte in Erscheinung.

Ein Beispiel:

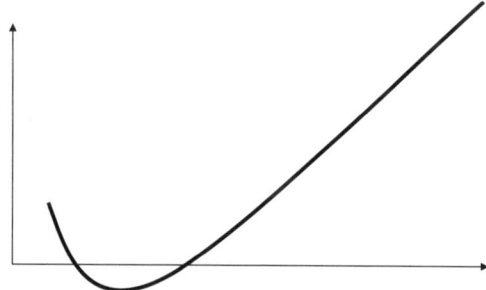

Unterschätzen Sie die J-Kurve nicht! In den meisten Projekten gibt es eine so genannte Anlauf- oder Lernkurve. Wenn Sie diese Phase nicht einplanen, kann es sein, dass Zeit oder Budget nicht ausreichen.

Job Rotation

Regelmäßiges Wechseln der Arbeitsfunktion innerhalb eines Unternehmens, aber auch systematischer Arbeitsplatzwechsel.

Job rotation hat Vorteile, aber auch Nachteile. So kann z. B. die Produktivität erheblich sinken, wenn produktive und gut eingearbeitete Mitarbeiter eine neue Tätigkeit im Unternehmen beginnen. Die Erfahrung, die sie auf ihrem bisherigen Arbeitsplatz eingebracht haben, droht dem Unternehmen verloren zu gehen. Wenn job rotation systematisch betrieben wird, zeigt sich jedoch, dass die Vorteile überwiegen. Dazu gehören:

- Ein Mitarbeiter ist breiter im Unternehmen einzusetzen, wenn er schon verschiedene Funktionen ausgeführt hat.
- Das Verständnis für die Organisation und die Zusammenhänge steigt.
- Grabenkämpfe und das Verteidigen der eigenen Abteilung werden weniger, da jeder Mitarbeiter befürchten muss, bei seiner nächsten Aufgabe vielleicht genau in diese Abteilung zu kommen.
- Die Mitarbeiter wissen, dass sie eine Funktion nur temporär ausüben, und dokumentieren Ihre Aufgaben und Tätigkeiten deshalb stärker, um es Nachfolgern einfacher zu machen.
- Es bestehen weniger Möglichkeiten des „Mauschelns", da der Nachfolger dies schnell herausfinden würde.
- Die Arbeit ist für den Mitarbeiter interessanter, da er permanent Neues dazulernt.

Just in Time (JIT)

Lieferung der Ware zum benötigten Zeitpunkt in der Produktion. Ziel dieses Vorgehens ist es, geringere Vorräte vorhalten zu müssen.

JIT ist heutzutage Alltag in vielen Industrien. Unternehmen können sich keine großen Pufferzonen mehr erlauben und verlagern den logistischen Belieferungsprozess an den Lieferanten. Dem Vorteil der hohen Einsparungen stehen jedoch auch Risiken entgegen. Es wäre nicht das erste Mal, dass ein Automobilhersteller ein Frachtflugzeug chartert, um „auf die Schnelle" Teile zu beschaffen und dadurch einen Produktionsstillstand zu vermeiden. Diese Risiken sollten kostenmäßig erfasst und in der Kalkulation berücksichtigt werden.

K

Kaizen

Aus dem Japanischen. Kaizen ist ein ganzheitliches Konzept, das auf graduelle, kontinuierliche Verbesserungen der Unternehmensleistung in allen Unternehmensbereichen durch alle Beschäftigten abzielt. Dies bringt Kosteneinsparungen durch

Qualitätsverbesserungen und Durchlaufzeitverkürzungen mit sich. Dabei soll jegliche Verschwendung eliminiert und Abläufen synchronisiert werden mit dem Schwerpunkt auf Produktionsoptimierungen.

Im Sinne von Kaizen unterscheidet man wertschöpfende und nicht wertschöpfende Tätigkeiten und Zustände. Unter Wertschöpfung wird alles das verstanden, was dem Produkt einen Mehrwert zuführt, Verschwendung beinhaltet alle nicht wertschöpfenden Anteile. Da Kaizen eine Eliminierung jeglicher Verschwendung beinhaltet und beim Arbeiten am Band aufgrund der Leitlinie „Just in Time" vorkommissioniert wird, werden im Regelfall die Stellflächen, die zurückgelegten Wege und die Verwendung von überflüssigem Material erheblich reduziert.

Die wesentlichen Prinzipien des Kaizen sind:

- Prozessbezogene Leistungen werden gewürdigt.
- Die Führungskraft denkt und handelt prozessorientiert.
- Innovationen finden in kleinen Schritten statt.
- Kleine quantitative Veränderungen sind Grundlage der neuen Qualität.
- Optimierungen werden sofort eingeleitet.
- Jede neu erreichte Qualität wird zum verbindlichen Standard ernannt.
- Das Ende ist der Anfang – das Ende eines Innovationsprozesses ist der Anfang eines Optimierungsprozesses.
- Kaizen ist aktive Führungsaufgabe (Verbesserungsvorschläge der Mitarbeiter einholen).

Außerdem spielen eine wichtige Rolle:
- Vorschlagswesen (Prämien für die Mitarbeiter)
- Kundenorientierung
- Mechanisierung und Automatisierung
- umfassende Qualitäts- und Produktivitätskontrolle
- Qualitätszirkel
- → Kanban
- Gruppenarbeit, Verantwortlichkeit in allen Bereichen
- Kooperation als Arbeits- und Führungsverhalten
- Ziele (Zielvereinbarungen)

Die konsequente Anwendung von Kaizen birgt zwar ein hohes Potenzial an Produktivitätssteigerungen, Verkürzung der Rüstzeiten, Reduzierung der Fehlerquoten und Bestandsreduzierungen, aber aus verschiedenen Gründen scheitern viele Unternehmen mit ihren Veränderungsprozessen. Diese gescheiterten Kostensenkungs- und Verbesserungsprogramme zeigen, dass eine qualitative Veränderung der Unternehmenskultur nicht einfach ist. Die Ursachen liegen in der Regel in einer unzureichenden Einbindung der Mitarbeiter in die neue Philosophie. Auch hier zeigt sich, dass der Veränderungsprozess keine kurzfristige Aktion ist, sondern langfristig angelegt werden muss. Unternehmen, die Kaizen konsequent umgesetzt haben und „drangeblieben" sind, haben erstaunliche Produktivitätsvorsprünge erzielt.

Kanban

Japanische Logistikmethode. Belieferung der Produktion nach dem Bedarfsprinzip: „Bevor der Behälter leer ist, muss er rechtzeitig aufgefüllt werden." Grundprinzip der Kanban-Idee ist ein System ohne Zwischenlager. Dies wird gewährleistet durch die Anlieferung der exakt erforderlichen Anzahl von Teilen zum richtigen Zeitpunkt an den Produktionsabschnitt. Durch dieses Just-in-Time-Prinzip wird den steigenden und immer vielfältigeren Kundenanforderungen Rechnung getragen. Ziele des Kanban sind die Verbesserung von:

- Beziehungen zu Lieferanten
- Arbeitsplatzergonomie
- Arbeitsabläufen
- unterstützenden Systemen
- Arbeitsbeziehungen

Kennzeichnende Elemente des Kanban sind

- Regelkreis: Er besteht aus einer Senke, an der Material verbraucht wird, und einer Quelle, an der Material bereitgestellt oder hergestellt wird. Hinzu kommt ein Pufferlager, das zwischen Quelle und Senke angeordnet ist.
- Holprinzip: Die Senke ist verpflichtet, die von ihr benötigten Teile bei der Quelle abzuholen oder durch einen für den Transport zuständigen Mitarbeiter abholen zu lassen. Die Pufferlager gewährleisten dabei, dass der Senke die jeweils benötigte Menge sofort zur Verfügung steht.
- Kanban-Karte: Sie enthält alle wichtigen Informationen, die zur kurzfristigen Steuerung des Informations- und Materialflusses und somit zur Produktion auf Basis des Holprinzips benötigt werden. Dies können beispielsweise sein: Teilenummer, Teilekurzbeschreibung, Bezeichnung des Behältertyps usw.
- Ablaufregeln: Die Senke hat die von ihr benötigten Teile selbstständig aus den jeweiligen Pufferlagern abzuholen und darf niemals mehr Material entnehmen, als sie gerade benötigt. Die Quelle darf im Sinne der „Produktion auf Abruf" erst dann mit der Herstellung neuer Teile beginnen, wenn tatsächlich eine Entnahme aus dem Pufferlager stattgefunden hat und ein entsprechender Produktions-Kanban vorliegt.

Durch den Einsatz des Kanban-Systems lassen sich neben Verkürzungen der Durchlaufzeiten auch Reduzierungen der Nebenzeiten erzielen. Zudem wird die

Anzahl der umlaufenden Teile reduziert und eine gleichmäßige Auslastung der verschiedenen Prozesse erreicht. Durch die schnelle Lieferung der benötigten Teile kann darüber hinaus die Lagerfläche ebenso reduziert werden wie die Kapitalbindung durch große Einlagerungsmengen. Schließlich ermöglicht es Kanban, dass sich das Unternehmen in gewissen Bahnen durch die Regelkreise selbst steuert und somit auf komplexe Planungs- und Steuerungssysteme verzichtet werden kann.

Kick-Off-Meeting

aus dem Englischen: kick off = Anstoß (z. B. beim Fußball). In diesem Zusammenhang ist aber ein Meeting zum Projektstart gemeint, in dem es um die Klärung von grundsätzlicher Vorgehensweise, Aufgabenverteilung und Zeitplan geht. Die Ziele eines Kick-Off-Meetings sind:

- Kennenlernen der Teams,
- gleicher Informationsstand der Projektbeteiligten,
- Abklären der Projektziele und Rahmenbedingungen,
- erste Ansätze über die Projektplanungsschritte (Projektstrukturplan, Meilensteinplan),
- Teamspielregeln für die Zusammenarbeit, Informationsweitergabe und Kommunikation festlegen,
- prüfen, ob die notwendigen Fachkompetenzen im Team vorhanden sind,
- prüfen, ob die Mitglieder des Projektteams die notwendigen Kapazitäten zur Verfügung stellen können,
- Motivation des Teams,
- die nächsten Schritte festlegen.

Killer Application

Aus dem Englischen: killer = Mörder, application = Anwendung. Der Begriff bezeichnet das Merkmal eines Produkts, das es einzigartig auf dem Markt macht und das für die Konkurrenz „tödlich" ist

Komplexitätsmanagement

Management der Teilevielfalt. Der Komplexitätsmanager hat die Aufgabe sicherzustellen, dass die Anzahl von Varianten eines Produkts nicht explodiert und dadurch hohe Kosten entstehen.

Insbesondere bei Unternehmen mit einer hohen Produktvielfalt lauert hier eine große Gefahr. Jeder Projektleiter eines neuen Produkts denkt in der Regel erst einmal an die Optimierung der Teile seines Produkts und neigt dazu, eine Gleichteileoptimierung außer Acht zu lassen. Ein einfaches Beispiel: Wenn ein neues Auto entwickelt wird, wird z. B. häufig versäumt abzuklären, ob das Bremspedal aus einem anderen Fahrzeugtyp übernommen werden kann. Meistens wird ein neues

Pedal entwickelt. So kann es schnell passieren, dass jedes Modell einer Marke ein eigenes Bremspedal hat. Die Folgen sind mehrfache Lagerung, hoher Lagerbestand, mehr Artikel im Bestand etc.

KPI

Key Performance Indicator. Zu Deutsch: strategische Messgrößen für die Leistungsfähigkeit eines Unternehmens. Die KPI sind die Steuerungsgrößen eines Unternehmens und sollten deshalb sorgfältig ausgewählt werden. Für den Manager sind die KPI – ähnlich wie die Messgeräte im Cockpit eines Piloten – die Messgrößen, die er zum Steuern des Unternehmens benötigt. Empfehlenswert sind maximal 3–5 KPI. In einem Produktionsunternehmen könnte der Produktionsleiter z. B. folgende KPIs aufstellen:

* Auftragsdurchlaufzeit (um die Effizienz der Produktion zu messen),
* Fehlzeiten (um die Motivation der Mitarbeiter zu messen),
* Anzahl Nacharbeitsteile pro Schicht (um die Qualität zu messen).

KVP

Kontinuierlicher Verbesserungsprozess → Kaizen.

L

Lead Generation

Gewinnung neuer, vielversprechender Kundenkontakte. Der englische Begriff Lead bezeichnet dabei Kundenkontaktdaten. Bei der Lead Generation wird gezielt versucht, persönliche Daten von Personen zu sammeln, die sich für Produkte oder Dienstleistungen des Unternehmens interessieren. Im Idealfall hinterlässt der potenzielle Kunde seine persönlichen Daten aus eigenem Antrieb, weil er mehr über ein Produkt oder Angebot erfahren möchte. Bei der erneuten Ansprache durch das Unternehmen steigt somit die Wahrscheinlichkeit, dass der Interessent als Neukunde gewonnen werden kann.

Leadership

Aus dem Englischen: Führung, Leitung, Führerschaft. Gemeint sind die Führungsfähigkeiten, mit denen eine Führungskraft – getrieben durch eine Vision -, Mitarbeiter dazu bewegen kann, ihr zu folgen. Ein „guter" Leader ist eine charismatische Führungspersönlichkeit.

Letztlich sind die Leadership-Kriterien nichts anderes als die Fähigkeiten, die auch eine gute Führungskraft haben sollte. Der Schwerpunkt liegt jedoch stärker auf dem „visionären" Teil. Typische Leadership-Kriterien sind:

- Denkt und handelt strategisch und gibt seinen Mitarbeitern Orientierung.
- Initiiert und treibt Veränderungen voran.
- Bindet Mitarbeiter ein und schafft es, sie durch Sinngebung zu motivieren.
- Ist durch Vorleben Vorbild.

Lean Management

Dieser Begriff hat seinen Ursprung in dem Begriff Lean Production aus dem Buch „Die zweite Revolution in der Automobilindustrie" der Autoren Womack, Jones und Roos aus dem Jahr 1990. Im Mittelpunkt des Lean Management stehen der Wertschöpfungsansatz und die Vermeidung von Verschwendung im Unternehmen. Dies bezieht sich beispielsweise auf Aspekte wie Lagervorräte, Ausschuss oder menschliche bzw. technische Kapazitäten. Ziel ist es, dass die Produktion von allem „Unnützen" befreit wird.

Durch rein organisatorische und unternehmensstrategische Maßnahmen sowie eine regelmäßige Optimierung der Organisation lassen sich Wettbewerbsfähigkeit, Kosteneffizienz, Qualität, Reaktionsfähigkeit und Kundenorientierung verbessern. Dabei wird es als Grundsatz verstanden, Kompetenz und Verantwortung miteinander in Einklang zu bringen, um durch klare Zuständigkeiten kurze Entscheidungswege zu gewährleisten. Durch die Übertragung von Verantwortung auf die Mitarbeiter und Organisationsformen wie Teamarbeit wird zudem die Mitarbeiterzufriedenheit gesteigert. Damit werden die Arbeitsergebnisse entscheidend verbessert.

Neben dieser starken Mitarbeiterorientierung ist auch die starke Kundenorientierung ein wichtiger Aspekt des Lean Management. So zielen alle Maßnahmen darauf ab, Wünsche, Anforderungen und Wertvorstellungen der Kunden zu erfüllen und damit der Wandlung vom Verkäufer zum Käufermarkt gerecht zu werden.

Learning organization

Aus dem Englischen: Lernende Organisation. Geprägt wurde dieser Begriff durch das Buch „Die fünfte Disziplin" von Peter Senge. Eine lernende Organisation zu sein, ist der Idealtyp eines innovativen und erfolgreichen Unternehmens. Sein Konzept enthält fünf grundlegende Bausteine bzw. Disziplinen:

- Personal Mastery: weitgehende Selbstführung im Gesamtinteresse der Organisation,
- Mental Models: kritisches Hinterfragen von Denk- und Verhaltensmustern,
- Shared Vision: gemeinsam getragene mittel- und langfristige Vision,
- Team Learning: kooperativer Austausch von individuellen und gemeinsamen Erfahrungen zur Weiterentwicklung der Handlungskompetenz der Organisation,
- System Thinking: Denken in Systemen, ganzheitliche Problemanalyse.

Gerade die fünfte Disziplin, das Denken in Systemen, soll nach Senge der Garant für eine ganzheitliche Berücksichtigung aller fünf Faktoren bei der Organisationsgestaltung sein.

Stellen Sie sich die Frage, wie sich jeder Mitarbeiter weiterentwickeln kann. Dabei sind nicht nur Seminare oder Weiterbildungen gemeint. Es können auch Projekte oder Aufgaben sein, die den Mitarbeiter fordern. Schaffen Sie auch Freiräume für die Weiterentwicklung der Organisation als Ganzes, z. B. betriebliches Vorschlagswesen (→ Ideen-management), Expertenaustausch, → Benchmarking-Pro-jekte, Erfahrungsberichte aus abgeschlossenen Projekten etc.

Leistungsbeurteilung

Beurteilungsschema, mit dem Mitarbeiter und Führungskräfte eingestuft werden. Bei Mitarbeitern werden eher die Fähigkeiten und deren Einsatz beurteilt. Bei Führungskräften wird eher die Zielerreichung gemessen. Beispiel eines Kriterienkatalogs:

- Anwendung der Fertigkeiten/Fähigkeiten
- Selbstständigkeit
- Auffassungsgabe/Urteilsvermögen
- Zuverlässigkeit/Termintreue
- Effizienz der Arbeit
- Ausdrucksvermögen
- Überzeugungsfähigkeit
- Einsatzbereitschaft/Engagement
- Zusammenarbeit mit Kollegen
- Kontaktpflege/Netzwerkpflege
- Motivierung von Mitarbeitern
- Führung von Mitarbeitern
- Kreativität

In der Regel fallen Leistungsbeurteilungen zu gut aus. Vorgesetzte scheuen oft den Konflikt mit den Mitarbeitern und beurteilen diese deshalb zu positiv. Spannungen können dann in einem Unternehmen entstehen, wenn der eine Chef sehr hart beurteilt, der andere zu großzügig ist. Empfehlenswert ist eine regelmäßige „Eichung" der Beurteilungsart, indem sich die Vorgesetzten gemeinsam zusammensetzen und die Kriterien für ihre Entscheidungen diskutieren.

Leitbild

Das Leitbild ist eine nach innen und außen verbalisierte Leitlinie der Unternehmenspolitik. Darin werden grundsätzliche Ziele des Unternehmens transparent und kommunizierbar gemacht. Des Weiteren gibt das Leitbild einen Orientierungsrahmen für die Entscheidungen im Unternehmen und für die entsprechenden Handlungen. Das Leitbild gilt als Spiegel der Unternehmenskultur.

In vielen Unternehmen existieren Leitbilder, die von Marketingagenturen geschrieben wurden. Sie sind schön in Hochglanzbroschüren präsentiert, sind aber oft nicht repräsentativ für die Unternehmenskultur. Achten Sie bei der Erstellung des Leitbilds auf die Einbindung der Mitarbeiter, denn die Identifikation der Mitarbeiter ist der relevante Punkt.

Leverage-Effekt

Aus dem Englischen: leverage = Effekt, Einfluss. Unter Leverage wird oft ein Skaleneffekt verstanden.

Jeder Unternehmer sollte ständig auf der Suche nach Leverage-Effekten sein, z. B. mehr Umsatz mit dem gleichen Personalstamm zu erzielen. Leider ist oft das Gegenteil der Fall: Mehr Umsatz kann in manchen Unternehmen zu überdurchschnittlich mehr Aufwand führen. Dieser Umsatz ist dann teuer erkauft. Eine Planung, wie sich Umsatz und Kosten pro Produktsortiment entwickeln werden, ist die Basis, um Leverage-Effekte gut beurteilen zu können. „To leverage" kann aber auch bedeuten, ein Geschäft zum Durchbruch zu verhelfen.

Low hanging fruits

Zu Deutsch: tief hängende Früchte. Steht für leicht erreichbare Ziele bzw. Ergebnisse.

M

Management by ...

In der Managementliteratur werden die folgenden drei Führungsmodelle als „Management by ..." definiert:

- Management by Objectives (MBO)
- Management by Delegation
- Management by Exception

Unter Management by Objectives, auch bekannt als „Führen mit Zielen", versteht man die Führung der Mitarbeiter anhand einer gemeinsam erstellten Zielvereinbarung. Der Chef kümmert sich nicht um das Tagesgeschäft des Mitarbeiters, sondern legt gemeinsam mit ihm Ziele fest und überwacht diese. Meistens ist die Erreichung der Ziele an einen variablen Anteil des Gehalts gekoppelt.

Management by Delegation bedeutet, dass der Chef die meisten Aufgaben an seine Mitarbeiter delegieren sollte und dies auch lernen muss. Diese Methode greift ein Phänomen vieler Führungskräfte auf, die oft alle Aufgaben an sich ziehen (weil sie es ja am besten können) und somit zum „Flaschenhals" bei der Aufgabenerledigung werden.

Management by Exception geht davon aus, dass Chefs immer dann präsent sein müssen, wenn Probleme im Entstehen oder vorhanden sind. Hier ist es wichtig, ein gutes Controllingsystem zu haben, um mögliche Probleme früh zu erkennen.

Neben den klassischen Definitionen, kursieren auch ironische „Management by …" Beschreibungen:

- Management by Champignon:
  Den Mitarbeiter im Dunkeln halten, mit Mist bewerfen. Sobald er den Kopf rausstreckt: Abschneiden!
- Management by Umbrella:
  Die Mitarbeiter vor Unannehmlichkeiten abschirmen, so dass sie ungestört und produktiv arbeiten können.
- Management by Walking around:
  Sich als Führungskraft immer wieder persönlich bei den Mitarbeitern sehen lassen, dabei für Fragen zur Verfügung stehen, sich einen eigenen Eindruck von deren Arbeit bilden und direkt Feedback geben.
- Management by Helicopter:
  Über allem schweben, von Zeit zu Zeit auf den Boden kommen, dann viel Staub aufwirbeln und schnell wieder ab in die Wolken.
- Management by Surprise:
  Erst handeln, sich dann von den Folgen überraschen lassen.
- Management by Hippopotamus:
  Sich mit großer Klappe über dem Wasser halten oder „Maul aufreißen und dann untertauchen".
- Management by Terrier:
  Wer nicht schnell genug arbeitet, wird in die Wade gebissen.

Management-Potenzialanalyse

Die Management-Potenzialanalyse dient der Beurteilung der Fähigkeiten von Führungskräften. Sie basiert in der Regel auf folgenden Instrumenten:

1. Beurteilung durch den Vorgesetzten
2. Psychologischer Test
3. Beurteilung durch Kollegen
4. Beurteilung durch Mitarbeiter

Mit den daraus gewonnenen Informationen können alle Führungskräfte bewertet werden und Besetzungspläne aufgebaut werden.

Empfehlenswert ist es, mit einer Führungskraft schon bei der Einstellung eine Management-Potenzialanalyse durchzuführen. Außerdem sollten Führungskräfte alle zwei bis drei Jahre neu beurteilt werden.

Beispiel eines psychologischen Tests:

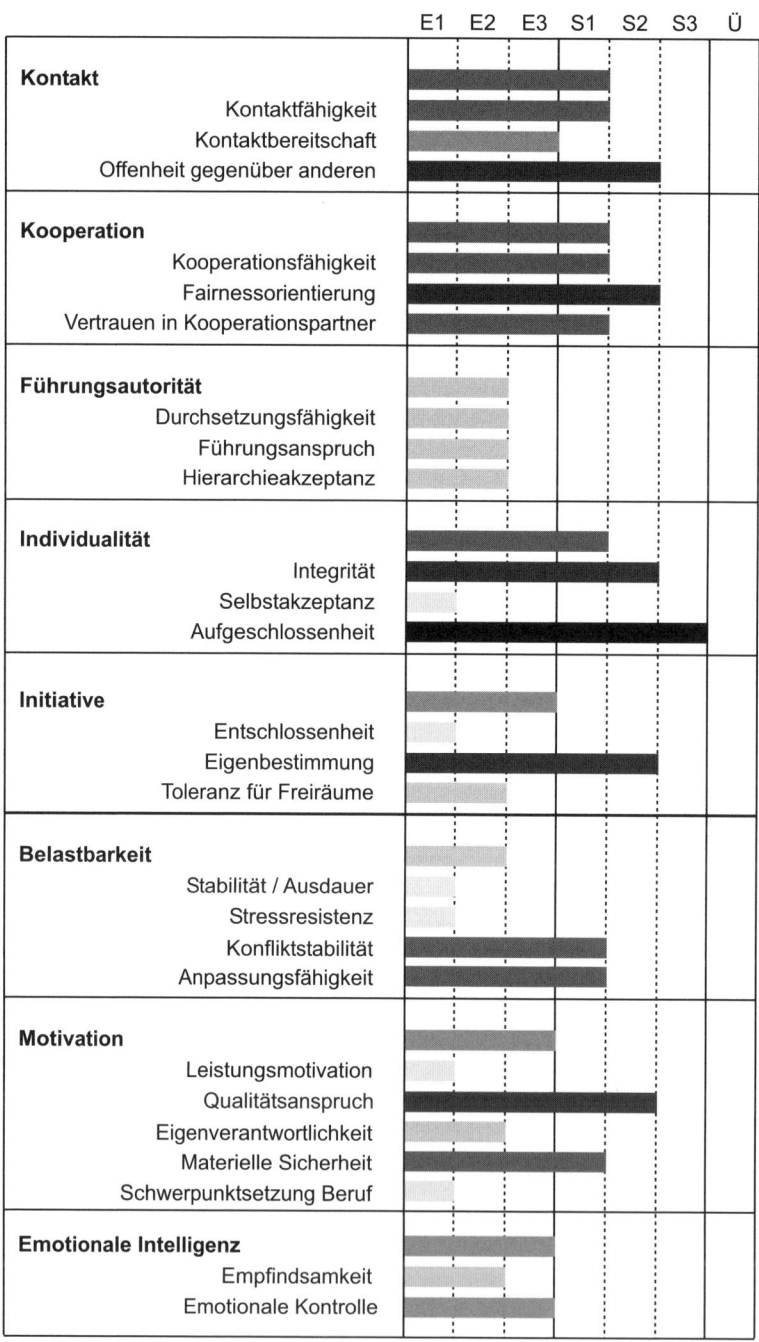

Mergers and Akquisitions

Wird oft für den Bereich eines Unternehmens verwendet, der sich mit Beteiligungen und Unternehmenskäufen/-verkäufen beschäftigt. Investmentbanken haben in der Regel eine M&A-Abteilung. In den letzten Jahren ist der M&A-Boom etwas abgeflaut. Unternehmen überlegen sich wieder genauer, an welchen Firmen sie sich beteiligen wollen. Die Arbeit, die mit der Integration eines Unternehmens zusammenhängt, wird oft sträflich unterschätzt. Achten Sie bei jedem M&A-Projekt bereits im Rahmen der Begutachtung des Unternehmens darauf, wie sich die Unternehmenskulturen gleichen, und setzen Sie ein Budget für den Integrationsprozess an.

M-Commerce

Kurzform von → Mobile commerce

Management-Buy-In (MBI)

Beteiligung des Management am Unternehmen bzw. Übernahme eines Unternehmens durch ein externes Management.

Hier ist darauf zu achten, dass das Management Branchenerfahrung mitbringt. Da MBI in der Regel im Mittelstand durchgeführt werden, hier aber die Abläufe und Mitarbeiter oft auf den ehemaligen Inhaber zentriert und fixiert sind, bricht zunächst oft alles zusammen. Die Kontakte zu Kunden und Lieferanten müssen mühsam wieder aufgebaut werden. Dies wird von vielen Managern, die ein MBI durchführen, unterschätzt. Empfehlenswert ist es, erst zwei bis drei Jahre lang das Geschäft des Unternehmens kennen zu lernen und dann den Übergang zu vollziehen.

Management-Buy-Out (MBO)

Kauf eines Unternehmens oder eines Teils davon durch das eigene Management. Ein MBO ist eine sehr beliebte Übergangsform im Mittelstand. Da das Management das Unternehmen und den Markt kennt, sind die Risiken, „die Katze im Sack" zu kaufen, gering.

Leider scheitern MBOs oft an dem Eigenkapital des Managers. In der Praxis haben sich folgende Modelle als machbar herausgestellt:

- Der Kaufpreis wird in Raten auf Rentenbasis an den ehemaligen Inhaber bezahlt.
- Der Betrieb wird geteilt in eine Betriebsgesellschaft und eine Vermögensgesellschaft, in denen die Immobilien verwaltet werden. Es wird nur die Betriebsgesellschaft verkauft. Diese zahlt eine Miete an die Vermögensgesellschaft, die weiterhin im Besitz des ursprünglichen Inhabers bleibt.
- Der Käufer kann eine Hypothek auf das Betriebsvermögen der Firma aufnehmen, um damit einen Kredit für den Kaufpreis zu finanzieren.
- Ein Business Angel beteiligt sich.
- Eine Venture-Kapital-Firma beteiligt sich.

Meilensteinplan

Der Meilensteinplan ist ein wichtiges Instrument der Grobplanung. Er beantwortet im Wesentlichen zwei Fragen:

- Wann liegen welche Ergebnisse vor, die mir ein Urteil über den Stand des Projekts ermöglichen?
- Wann müssen bestimmte Entscheidungen getroffen sein?

Meilensteine sind ähnlich zu sehen wie Zwischenprüfungen: Es müssen Ergebnisse vorliegen. Ohne Ergebnisse ist kein Meilenstein erreicht. Es ist besonders wichtig, die Ergebnisse so zu definieren, dass diese auch überprüfbar sind. Der Meilensteinplan ist für den Projektleiter ein wichtiges Instrument, um Mitarbeiter zu motivieren und Energie in das Projekt zu bringen. Besonders bei langen Projekten ist es wichtig, die Mitarbeiter mit Zwischenterminen „bei der Stange" zu halten. Dies funktioniert jedoch nur, wenn bei Nichteinhaltung entsprechende Konsequenzen seitens des Auftraggebers erfolgen. Dieser hat somit eine entscheidende Rolle. Nur wenn er die Ergebnisse einfordert und den Druck auf das Projektteam hochhält, werden sich die Beteiligten auch an die Vorgaben halten.

Middle-up-down-Strategie

Management-Methode, die auf die mittlere Führungsebene setzt. Die Entscheidungen über Produktionsabläufe und Neuerungen trifft nach diesem Konzept nicht die Unternehmensspitze, sondern das mittlere Management, weil es näher an den Produktionsprozessen und den Mitarbeitern ist und die damit zusammenhängenden Probleme besser versteht.

Ohne die konsequente Vorgabe des oberen Managements funktioniert kein Veränderungsprozess. Oft wird jedoch versäumt, das mittlere Management ausreichend einzubinden. Die berühmte „Lehmschicht" blockiert dann erfolgreich jeglichen Veränderungsansatz. Das Engagement des mittleren Management ist somit das Fundament jeder erfolgreichen Veränderung.

Mobile Commerce

Mobile Commerce ist eine Form des Internet-Handels (E-Commerce), die mit mobilen Endgeräten wie Smartphones und Tablet PCs möglich ist. Mit zunehmender Verbreitung dieser Geräte nutzen Unternehmen zunehmend den Mobile Commerce als Vertriebsweg und können so neue, meist konsumwillige und zahlungskräftige Kunden erreichen. Beim Mobile Commerce werden frühere Online-Shops für mobile Endgeräte optimiert als mobile Webseiten oder als Apps. Ein Teilbereich des Mobile Commerce sind Online-Bezahlsysteme für mobile Endgeräte.

Morphing Office

Der englische Ausdruck bedeutet, keinen festen Arbeitsplatz innerhalb eines Unternehmens zu haben. Die Mitarbeiter setzen sich immer an den zur Zeit freien Arbeitsplatz.

Morphing Office wird immer populärer. Es ermöglicht, mit 30–40 % weniger Arbeitsplätzen auszukommen und verhindert Barrierenbildungen. Achten Sie darauf, die Mitarbeiter frühzeitig in diesen Prozess einzubinden. Viele Menschen hängen an „ihren" Schreibtischen und sehen den Verlust des eigenen Arbeitsplatzes als Degradierung.

N

Nerd

Englisch: „Depp, Trottel". Mittlerweile eine gar nicht mehr so negative Bezeichnung für einen Computerfreak. Ein Mensch, der begnadet ist mit technischem Verständnis, aber weniger geschickt mit anderen Menschen umgehen kann.

Netiquette

Aus dem Englischen: Verschmelzung von „Net" (Internet) und „etiquette" (Benimmregeln). Gemeint ist das respektvolle Benehmen bei der Kontaktaufnahme und Korrespondenz via E-Mail oder in chat rooms.

Network Marketing

Eine Vertriebsform, bei der vor allem die Netzwerke der Mitarbeiter mit einbezogen werden.

Network Marketing ist, wenn es konsequent betrieben wird, eine sehr erfolgreiche Vertriebsform und eignet sich insbesondere für den Vertrieb an Endverbraucher. Die größte Bedeutung hat hier das Prämiensystem für Empfehlungen oder Verkäufe. Dabei haben sich neben den monetären Prämien auch die Sachprämien als preisgünstige Alternative herausgestellt. Die Firma Tupper hat mit den berühmten Tupperparties auf diese Weise ein Weltunternehmen aufgebaut.

O

Organisationsdiagnose

Besonders im Rahmen von Organisationsentwicklungen kann es sehr hilfreich sein, eine so genannte Organisationsdiagnose durchzuführen. Dabei geht es nicht darum, „echte Daten und Fakten" zu ermitteln, sondern vielmehr über Interviews mit den Mitarbeitern und dem Management ein Bild von der Organisation zu bekommen. Es zeigt sich, dass die Ergebnisse erstaunlich nahe an den wirklichen Problemen der Organisation liegen. Anhand der Erkenntnisse können dann Veränderungen eingeleitet werden. Der Vorteil liegt auf der Hand: Durch eine qualitative Untersuchung ist die Diagnose weniger zeit- und kostenintensiv und die Beteiligten fühlen sich stärker in den Prozess eingebunden. Dabei sind folgende Schritte üblich:

Teilschritt	Vorgehen
Kontaktphase und Vorgespräche	Erste Orientierung auf beiden Seiten (Organisation und Beratung); Vorentscheidung über eine mögliche Zusammenarbeit
Vereinbarung des Vorgehens	Entwicklung der Arbeitsbeziehung, Kontraktschließung; Problemdefinition; Auswahl der Methoden zur Datensammlung und zum Feedback
Datenerhebung und Aufbereitung	Erhebung des Ist-Zustands mit ausgewählten Methoden der Sozialforschung (Befragung, Einstellungsmessung)
Datenrückkopplung	Rückmeldung der Daten an das Klientensystem (Management und Mitarbeiter); Diskussion (z. B. in Workshops), Sammlung möglicher Diagnoseansätze
Diagnose	Erkennen der inneren Verfassung der Organisation (Stärken, Schwächen)
Maßnahmenplanung und Durchführung	Entwicklung spezifischer Maßnahmenpläne (inkl. Festlegung der Methoden und der Verantwortlichen für Ausführung und Kontrolle)
Erfolgskontrolle	Bewertung der Effektivität; Entscheidung über Abschluss oder Weiterführung der OE-Maßnahme

Der Organisationsberater sollte über ein hohes Maß an Professionalität verfügen. Bei der Beraterauswahl sollten Sie deshalb auf folgende Kriterien achten:

- Klärung der Ziele und der eigenen Bedürfnislage: Welches Know-how wird benötigt, das Sie im eigenen Hause nicht oder nicht im ausreichenden Maße besitzen?
- Hat der Berater die nötige Kompetenz? Kennt er sich mit der speziellen Aufgabenstellung aus? Branchenkenntnisse sind eher zweitrangig, da diese in Ihrem Haus vorhanden sind.
- Hat der Berater einen ganzheitlichen Ansatz und Kenntnisse sowohl im organisatorischen Bereich als auch im Bereich der Unternehmenskultur?
- Welche ähnlichen Projekte hat der Berater durchgeführt? Lassen Sie sich Referenzen nennen. Scheuen Sie sich nicht, dort anzurufen und nachzufragen.

- Lassen Sie sich die Vorgehensweise schildern. Achten Sie auf die Schwerpunkte der Beratung.
- Wer führt den Auftrag durch? Falls nötig, sollten Sie den Ansprechpartner vertraglich fixieren lassen. Sonst haben Sie den Profi eventuell das erste und letzte Mal bei den Akquisitionsgesprächen gesehen und müssen sich während des Projekts mit Newcomern ärgern.

Organisationsentwicklung

Die Lehre, die sich mit der zielgerichteten Veränderung und Entwicklung von Organisationen beschäftigt. Dazu gehört u. a. Strategieentwicklung, Organisationsdiagnosen und Begleitung von Veränderungsprozessen.
Die Organisationsentwicklung geht von einem mitarbeiterzentrierten Ansatz aus. Zu empfehlen ist sie dann, wenn Sie in Ihrem Unternehmen Veränderungen so gestalten möchten, dass die Mitarbeiter miteinbezogen werden und den Veränderungsprozess auch tragen. Sinnvoll kann es sein, einen Organisationsentwickler, also einen Berater, der Veränderungsprozesse gestaltet, einzubeziehen.

Outperformen

Kunstwort, ans Englische angelehnt: eine bessere Performance abliefern. Der Begriff wird häufig im Zusammenhang mit einzelnen Aktien, einem Fonds oder Börsenindex gebraucht. Beispiel: „Der Dax hat den TecDax in diesem Jahr outperformed."
Outperformer sind auch im Unternehmen wichtig. Achten Sie darauf, dass Sie eine gewisse Anzahl von Mitarbeitern haben, die Leistungsträger sind, und dass deren Leistungen auch honoriert werden.

Outplacement

Aus dem Englischen: systematischer Personalentwicklungsprozess, der sich mit der Freisetzung und Trennung von Mitarbeitern in einem Unternehmen beschäftigt.
Sollte Ihr Unternehmen Maßnahmen zur Personalreduzierung planen, ist es sinnvoll, ein auf Outplacement spezialisiertes Beratungsunternehmen einzuschalten. Dieses kann dann beauftragt werden, die freigesetzten Mitarbeiter im Arbeitsmarkt weiterzuvermitteln.

Outsourcing

Aus dem Englischen: Verlagerung von Leistungsumfängen zu Lieferanten. Das Kerngeschäft und strategisch wichtige Funktionen bleiben in der operativen Kontrolle des Unternehmens. Alles andere ist grundsätzlich für ein Outsourcing geeignet. Sollten Sie daran denken, Leistungen outzusourcen, sollten sie folgende Schritte beachten:

1. Kernkompetenzen ermitteln
2. Auswahl der Leistungen, die outgesourct werden können
3. Erstellung eines Soll-Profils des Ideallieferanten
4. Erstellung eines Pflichtenhefts
5. Sichtung der Lieferanten
6. Erstellen eines Vertragskonzepts (Ausstiegsklauseln nicht vergessen!)
7. Information der Mitarbeiter
8. Implementierung eines Projekts zur Leistungsübertragung an den Lieferanten
9. Regelmäßiges Controlling der Leistungen
10. Review nach einem Jahr

P

Pareto-Analyse

Die Pareto-Analyse eignet sich dazu, Probleme auf ihre Häufigkeit hin zu untersuchen und darzustellen, um daraufhin Maßnahmen zur Beseitigung ergreifen zu können.

Durch die übersichtliche grafische Darstellung innerhalb eines Diagramms erhält man sehr schnell einen Überblick.

Die Pareto-Analyse eignet sich sehr gut, um schnell zu erkennen, wo die Hauptprobleme liegen. Es ist ja bekannt, dass 20% der Probleme in der Regel 80% des Ärgers verursachen. Wenn die also größten Probleme vornehmlich angegangen werden, ist das meiste schon erreicht.

Performance Review

Aus dem Englischen: → Leistungsbeurteilung

Plan-do-check-action (PDCA)

Auch Deming-Kreis genannt. Die aus dem Englischen stammende Bezeichnung beschreibt ein Vorgehensmodell in Projekten bestehend aus vier Schritten:

1. Planen (Plan),
2. Umsetzen (Do),
3. Überprüfung (Check),
4. In der Praxis leben (Action).

Portfolio

Internationalisierte Fassung des aus dem Französischen stammenden Begriffs Portefeuille (= Brieftasche). Im engeren Sinn ist damit der Bestand an Wertpapieren gemeint, den ein Investor hält. In der Kapitalmarkttheorie ist die optimale Zusammensetzung eines Portfolios gegeben, wenn die verschiedenen Anlagen hinsichtlich Liquidität, Ertrag und Risiko genau den Wünschen und Bedürfnissen des Anlegers entsprechen.

In einem weiteren Begriffsverständnis werden als Portfolio oft Objekte einer bestimmten Kategorie bezeichnet, z. B. die Produkte eines Unternehmens oder auch Methoden bzw. Techniken. Bei einer Portfolioanalyse werden die verschiedenen Produkte oder Dienstleistungen eines Unternehmens analysiert und optimiert (vgl. Teil 1, Abschnitt „Strategie und Planung").

Post Merger Integration Management

Das Management nach einem Firmenzusammenschluss (englisch: merger) ist mindestens genauso wichtig wie die Verhandlungen davor, da meistens unterschiedliche Firmenkulturen aufeinandertreffen, die Prozesse in den Unternehmen unterschiedlich sind und die Software vereinheitlicht werden muss.

Es gilt: Keine Fusion ohne Post Merger Integrationsprozess. Seien Sie konsequent bei der Integration der beiden Kulturen. Nichts ist schlimmer für ein Unternehmen als die ständige Auseinandersetzung innerhalb der Organisation. Entfernen Sie schnell die Personen aus der Organisation, die zu lange am Alten festhalten und in den Widerstand gehen. Fördern Sie Teamentwicklungen, bei denen eine konstruktive Auseinandersetzung mit der neuen Kultur ermöglicht wird. Folgende Aspekte müssen entwickelt werden:

- gemeinsame Vision,
- gemeinsame Unternehmensleitsätze,
- gemeinsame Führungsleitsätze,
- gemeinsame Personalprozesse,
- ein gut durchdachter Kommunikationsprozess, der die Entwicklung eines Gemeinsamkeitsgefühls fördert.

PRICE-Methode

Methode, um Projekte strukturiert anzugehen:

- Pinpoint: Ziele beschreiben
- Record: Ausgangssituation beschreiben
- Involve: Mitarbeiter einbinden
- Coach: Umsetzung begleiten und unterstützen
- Evaluate: auswerten und verbessern

Ob mit oder ohne PRICE-Ansatz: Achten Sie darauf, dass Sie Ihre Projekte strukturiert und mit einem vorgegebenen Methodenansatz planen.

Produktentstehungsprozess (PEP)

Prozess, in dem ein neues Produkt im Unternehmen entwickelt wird und die Phasen, die dieses Produkt durchläuft. In der Regel bestehend aus folgenden Meilensteinen:

1. Marktanalyse abgeschlossen
2. Lastenheft erstellt
3. Pflichtenheft akzeptiert
4. Prototyp liegt vor
5. FMEA abgeschlossen
6. Versuch abgeschlossen
7. Produktion aufgebaut und Lieferanten sind lieferfähig
8. Start der Produktion
9. Markteinführung abgeschlossen
10. Optimierung der Serie abgeschlossen

Die Neuentwicklung von Produkten muss in immer kürzerer Zeit stattfinden. Während vor 15 Jahren die Entwicklung eines neuen Fahrzeugs etwa 8 Jahre dauerte, sind heute 4–5 Jahre üblich. Dies geht nur, wenn der Prozess über die Entstehung eines neuen Produkts im Unternehmen klar beschrieben wurde und von den beteiligten Bereichen auch so eingehalten wird.

Produktmanagement

Organisationsform, bei der ein Produktmanager die Aktivitäten des Vertriebs, der Entwicklung und Kundenbetreuung produktorientiert koordiniert.

Das Produktmanagement wird je nach Unternehmen unterschiedlich definiert. Es gibt Unternehmen, bei denen der Produktmanager eher der „Oberproduktentwickler" ist und neue Produktideen einbringt und gemeinsam mit den Abteilungen versucht, diese zu realisieren. In anderen Unternehmen sind die Produktmanager verantwortlich für den Umsatz einer bestimmten Produktreihe und eher dem Vertrieb zuzuordnen. Wichtig ist, die Rolle eindeutig zu definieren. Viele Produktmanager leiden nämlich unter einer nicht geklärten Rolle. Hier gilt es in vielen Unternehmen, Transparenz und Klarheit zu schaffen.

Projektmanagement

Der Begriff bezeichnet eine Methode zur Planung und Steuerung von Projekten, bestehend aus Zieldefinition, Projektorganisation, Planungsinstrumenten und Steuerungsmethoden.

Achten Sie darauf, dass bei jedem Projekt folgende Schritte berücksichtigt werden:

1. Beschreibung der Ausgangssituation
2. Zieldefinition mit Messgrößen
3. Risikoanalyse
4. Projektbudget
5. Nutzenbeschreibung und Rentabilitätsrechnung
6. Projektorganisation (Projektleiter, Team und Lenkungsausschuss)
7. Abgrenzung des Projekts: Was ist nicht Bestandteil des Projekts?
8. Projektstrukturierung (Wer macht was?)
9. Meilensteinplanung mit klar messbaren Zwischenergebnissen
10. Terminplanung
11. Klare Regelung im Umgang mit Änderungen im Projekt
12. Klar definierte Berichtswege mit mindestens einem Monatsbericht, der folgende Fragen beantwortet: Was ist neu im Berichtszeitraum? Wo haben wir Probleme? Was ist zu entscheiden?

Projektstrukturplan (PSP)

Der erste wichtige Schritt in der Projektplanung ist der Projektstrukturplan, der die Grundlage für alle weiteren Planungsschritte bildet. Für jedes Projekt ist ein projektspezifischer Projektstrukturplan zu erstellen, der die Aufgaben und Verantwortlichkeiten festlegt. Er dient als Grundlage zur Steuerung und Verfolgung des Projekts hinsichtlich Terminen, Kosten und Qualität. Beispiel für einen Projektstrukturplan:

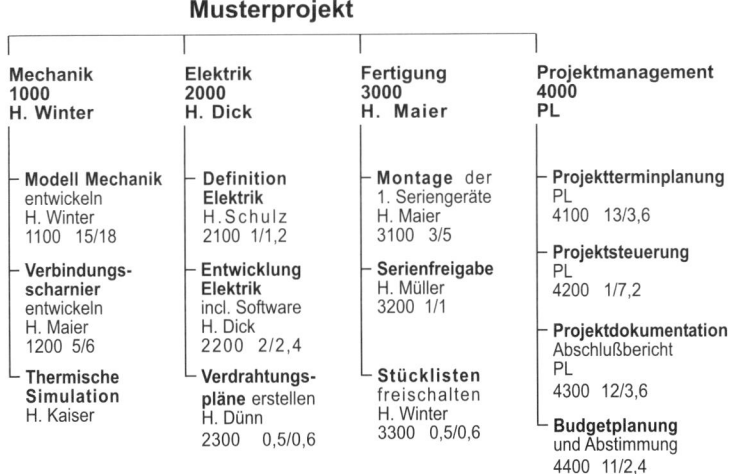

Mit dem PSP erhält der Projektleiter ein Instrument um,

* die Verantwortungen klar zuzuordnen
* Kostenstrukturen festzulegen

- sich einen Überblick über die anstehenden Aufgaben zu verschaffen
- eine Vorlage für die Dokumentation zu schaffen.

In vielen Projekten wird auf den Projektstrukturplan verzichtet und hauptsächlich der Terminplan erstellt. Ein Plan, der die Aufgabenhierarchie darstellt, ist jedoch sehr hilfreich: Termine ändern sich, die Aufgaben bleiben. Mit dem Projektstrukturplan haben Sie immer die Übersicht über das, was grundsätzlich erledigt werden muss.

Prozessmanagement

Managen der Prozesse eines Unternehmens mit den Schwerpunkten:
- Prozessdefinition
- Prozessbeschreibung
- Prozesssicherstellung
- Prozessauditierung

Viele Unternehmen verbinden das Prozessmanagement mit den Auditierungssystemen, die am Markt vorhanden sind, wie z. B. ISO 9000. Ein bedauerlicher Trend ist, dass unter Prozessmanagment vorwiegend die Prozessbeschreibung und die Prozessauditierung verstanden wird. In Unternehmen, die sich erfolgreich mit dem Thema Prozessmanagement auseinandergesetzt haben, entwickeln Mitarbeiter ein neues Verhältnis zur Arbeit. Wenn Ihre Mitarbeiter verstehen, dass die Prozesse eigentlich das wichtigste im Unternehmen sind, haben Sie schon gewonnen.

Q

Quality Function Deployment (QFD)

Managementmethode mit dem Ziel, Kundenforderungen und Nutzenvorstellungen in die zu entwickelnde Leistung (Produkt, Dienstleistung oder Prozesse) umzusetzen. In diese Qualitätstechnik, mit der in einem mehrstufigen Verfahren Kundenforderungen gewichtet werden, können auch gesellschaftliche Umweltforderungen einbezogen werden. Die Schwerpunkte sind:
- Realisierung der Kundenwünsche im Produkt – es gilt: Maßstab ist der Kunde
- Erhöhung der Kundenzufriedenheit
- frühzeitiges Erkennen von Zielkonflikten und Engpässen
- weniger Probleme und Änderungen nach Produktionsstart
- Vereinfachung der Entscheidungsprozesse bei der Produktdefinition

Im QFD wird eine Matrix erstellt, die die Kundenanforderungen („Was?") den Produktmerkmalen („Wie?") gegenüberstellt und bewertet. Ein Beispiel für einen Pkw:

	Gewichtung	Kaufentscheidung	Gangzahl	Rollwiderstand	Schaltgenauigkeit	Bremsleistung	Wettbewerb
Schönes Design							
Gute Bremsen							
Wohnwagen ziehen							
Einfach lenken							
Viel Platz							
Technische Schwierigkeit							

Achten Sie darauf, in einem frühen Entwicklungsstadium eine QFD durchzuführen. Sie können daraus gut ableiten, welche Kundenwünsche welche Herausforderungen an die Technik und die Qualität des Produkts stellen werden.

Quick wins

Aus dem Englischen: schnelle Gewinne, Erfolge oder Ergebnisse. Der Begriff wird vor allem dann verwendet, wenn es bei einem Geschäft nicht darauf ankommen soll, eine langfristige Basis zu schaffen, sondern schnell einen Ertrag zu erreichen. Quick-Wins können auch als Etappenziel interpretiert werden. Achten Sie auch in Projekten darauf, dass es Zwischenerfolge gibt – damit können Sie Ihr Team motivieren.

R

Rasenmähermethode

Wie beim Rasenmähen, bei dem einfach alles gemäht wird, werden bei dieser Methode pauschal ein bestimmter Prozentsatz an Mitarbeitern oder Kosten abgebaut. Bei dieser Methode fühlen sich die Bereiche benachteiligt, die schon in den Vorjahren extrem gespart haben und schon sehr „dünn angezogen" sind. Wenn diese Methode öfters angewendet wird, führt es zu Vorsorgeaktivitäten in den Abteilungen. Jeder wird überhöhte Budgets beantragen, um bei der nächsten Einsparrunde problemlos Kosten reduzieren zu können.

Realignment

Aus dem Englischen: neu zusammenfügen, zusammensetzen. Wird in der Regel bei Veränderungsprozessen (→ Change Management) verwendet.

Das Realignment kann durch folgende Interventionen gefördert werden:

- klare/eindeutige Aussagen der Führung,
- Entwicklung einer gemeinsamen → Vision und Strategie,
- Teamentwicklungen, um Konflikte und unterschiedliche Positionen in Teams aufzuarbeiten,
- → Corporate Identity-Maßnahmem.

Retention Management

Aus dem Englischen: retention = Einbehaltung, Zurückbehaltung. Gemeint ist die Mitarbeiterbindung, d. h. der Zweck des Retention Management besteht in der Ausarbeitung von Maßnahmen, die dem Zweck dienen, Mitarbeiter an das Unternehmen zu binden, so genannte Mitarbeiterretentionprogramme.

Selbst in Zeiten, in denen man eigentlich davon ausgehen kann, dass Mitarbeiter froh sind, einen Arbeitsplatz zu haben, kann es Sinn machen, sich mit dem Retention Management zu beschäftigen. Denn insbesondere die besten Mitarbeiter eines Unternehmens sind oft geneigt, Fremdangebote anzunehmen. Für diese spezielle Gruppe (oft im mittleren Management ansässig) sollten Firmenbindungsprogramme aufgelegt werden.

Reverse engineering

Unter diesem Begriff versteht man die Entwicklung eines Produkts anhand einer klaren Marktvorgabe z. B. bezüglich Preis, Design, Funktionalität (englisch: reverse = rückwärts). Man lässt somit nicht dem Entwickler freie Hand, ein Produkt so zu entwickeln, wie er es sich vorstellt, sondern gibt ihm klare Ziele.

Roadmap

Zu Deutsch: Straßenkarte. Im Speziellen ist dies allerdings die Bezeichnung für einen Marketingplan. Auf der Roadmap sind sämtliche Projekte und Aktivitäten des Marketing aufgelistet. Letztlich ist die Roadmap nichts anderes als ein Projektplan – der Begriff klingt nur etwas besser.

S

Shareholder-Value-Ansatz

Die Ausrichtung des Unternehmens auf die Interessen der Aktionäre.

Dabei geht es vor allem darum, den Ertrag der Aktionäre zu verbessern. Die primären Interessen der Aktionäre sind Wertzuwachs der Aktie und hohe Dividende. Unternehmen, die sich ausschließlich an den Aktionären ausrichten, unterliegen nämlich der Gefahr, zu viel Dividenden zu zahlen und zu sehr in kurzfristigen Erfolgen zu denken (guter Quartalsbericht / gutes Jahresergebnis), um dadurch den

Aktienkurs positiv zu beeinflussen. Langfristige Investitionen werden dabei eher unterdrückt. Unternehmen können somit langsam „austrocknen".

Six Sigma

Six Sigma ist eine statistische Größe, die benutzt wird, um einen Null-Fehler-Status zu beschreiben bzw. festzulegen, wie nahe man nach Expertenschätzung an diesen Zustand herankommen kann. Six Sigma bedeutet 3,4 Ausfälle bei 1 Million Möglichkeiten oder einem Qualitätsgrad von 99,9997 %.

Traditionell haben Firmen 99 % als ausreichend betrachtet. Doch 90 % Qualitätsgrad sind im Gesamtkontext ungenügend, da dies z. B. bedeuten würde, dass täglich Zehntausende von Briefen verloren gehen oder jede Woche ein Dutzend Flugzeuge vom Himmel fallen würden. So wurde 1987 bei Motorola Inc. Six Sigma als Qualitätsstandard eingeführt. Ein Qualitätsgrad von Six Sigma wird inzwischen in vielen Unternehmen als unumgänglich angesehen. Six Sigma betrifft nicht nur die Produktqualität selbst, sondern schließt die Fehlerfreiheit aller indirekten Prozesse mit ein.

Die Grundauffassung: Qualität ist etwas, was auf allen Ebenen eines Unternehmens praktiziert werden muss. Das Management muss erkennen, dass gegenwärtig praktizierte Qualitätsstandards ungenügend sind und dieses Bewusstsein muss sich durch die gesamte Organisation ziehen. Dabei konzentriert sich Six Sigma auf zwei Schwerpunkte:

- Identifizierung potenzieller Fehlerquellen auf Basis jedes Arbeitsschritts und Verringerung der Wahrscheinlichkeit, dass diese Fehler auftreten können.
- Vermeidung unnötiger Arbeitsschritte.

Wie viele Managementmethoden lebt Six Sigma von der Einstellung der Mitarbeiter. Bei der Einführung von Six Sigma ist deshalb der philosophische Aspekt der Qualität, der in manchen Unternehmen schon fast religiösen Charakter hat, besonders wichtig. Die Mitarbeiter sollen erkennen, dass Qualität eine „Lebensaufgabe" ist und immer wieder neu auf dem Prüfstein steht.

Simultanous engineering (SE)

Paralleles Arbeiten von Entwicklung, Versuch, Arbeitsvorbereitung und Produktion im Rahmen der Produktentwicklung.

Versuchen Sie zu verhindern, dass sich der Einkauf oder die Produktion erst dann mit der Neuentwicklung beschäftigt, wenn der Prototyp auf dem Tisch ist. SE kann in Projektform oder als permanente Organisationsform installiert werden. So genannte PIF-Teams (Permanent – Interdisziplinär – Funktionsübergreifend) können den Entwicklungsprozess um ein Vielfaches beschleunigen.

Situative Führung

Das Modell von Hersey & Blanchard gibt normative Hinweise, wie der Führungsstil auf die spezifische Mitarbeitersituation angepasst werden sollte. Der Grundgedanke diese Modells besteht darin, dass unterschiedliche Qualifikation und Motivation von Mitarbeitern natürlich auch unterschiedliches Führungsverhalten erfordern. Ein bestimmtes Führungsverhalten soll Mitarbeiter dabei immer unterstützen und nicht behindern oder frustrieren.

Wenn eine Führungskraft beispielsweise einen hoch qualifizierten und motivierten Mitarbeiter sehr eng führt, wird das in der Regel beim Mitarbeiter Frustration auslösen. Die Delegation von Zielen und groben Aufgaben wird hier ausreichen, dann kann man den Mitarbeiter alleine „laufen" lassen, ihm für Fragen zur Verfügung stehen, sich nur zu vereinbarten Zwischenmesspunkten um ihn kümmern und ihm Rückmeldung geben. Diesen Führungsstil könnte man als delegativ, im Extremfall sogar als laisser-faire bezeichnen. Mitarbeitergerecht zu führen bedeutet also, den Qualifikations- und Motivationsgrad (Können und Wollen) der Mitarbeiter bezüglich bestimmter Aufgaben und Ziele einzuschätzen und das eigene Führungsverhalten situativ darauf abzustimmen.

Hersey & Blanchard beschreiben das Führungsverhalten anhand von zwei Faktoren:

- Aufgabenorientierung: Dies bedeutet, eine bestimmte Aufgabe oder ein Ziel eindeutig zu definieren, zu strukturieren, relevante Informationen bereit zu stellen, die Erfolgskriterien festzulegen, den Weg zur Erfüllung auszuarbeiten und fachliche Hilfestellungen zu leisten.

- Mitarbeiterorientierung (auch Beziehungsorientierung): Dies bedeutet, emotionale Blockaden beim Mitarbeiter zu lösen, eine positive Beziehung und damit gegenseitiges Vertrauen aufzubauen, den Mitarbeiter zu motivieren, sein Selbstvertrauen und seine Identifikation mit der Aufgabe zu fördern.

Bei den 4 Führungsstilen gilt folgendes zu beachten:

- **Beziehungsorientiert:**

  Ziele und Aufgaben werden klar definiert. Darüber hinaus wird möglichst wenig vorgegeben. Die Akzeptanz und Identifikation mit den Zielen wird gefördert, indem die Ideen des Mitarbeiters diskutiert werden und vereinbart wird, wie er seine Ziele erreichen kann. Die Führungskraft widmet sich den Fragen, Unsicherheiten und Bedenken des Mitarbeiters. Er erhält Gelegenheit über seine Probleme und seine Situation zu sprechen. Die Führungskraft hört aktiv zu und gibt Impulse.

  Gespräche werden durch Fragen geführt. Die Hauptgesprächsanteile liegen beim Mitarbeiter. Entscheidungen trifft der Mitarbeiter nach Rücksprache mit der Führungskraft selbst. Unsicherheiten des Mitarbeiters werden ausgeräumt durch offenes Feedback (insbesondere Anerkennung und Lob), Hervorheben der Stärken des Mitarbeiters in Bezug auf die Aufgabe, Reflexion der Zielerreichung in angemessenen Abständen.

- **Integrativ:**

  Ziele und Aufgaben werden klar definiert und strukturiert. Akzeptanz und Identifikation des Mitarbeiters werden weiter ausgebaut, indem ein Dialog über die Aufgabe als solches zugelassen wird. Auf Fragen, Bedenken und Widerstände wird eingegangen. Die Führungskraft hat ein offenes Ohr für die Probleme des Mitarbeiters und hört aktiv zu. Entwicklung des Mitarbeiters durch Analyse der notwendigen Lernziele (Wissen, Fertigkeiten, Einstellungen etc.) in Bezug auf seine Aufgaben und Ziele sowie Vereinbarung gezielter Lernmaßnahmen und effizienter Lernwege (z. B. gezieltes Feedback, Coaching und Unterstützung des Mitarbeiters). Kontrolle des Lernfortschritts.

- **Delegativ:**

  Ziele und Aufgaben werden vereinbart. Mittel und Wege bestimmt der Mitarbeiter eigenverantwortlich. Für schwierige Themen entwickelt der Mitarbeiter selbst Lösungen.

  Der Mitarbeiter hat klare Verantwortungsbereiche, die er selbstständig führt. Er muss das Gefühl haben, dass die Führungskraft als Ansprechpartner bei Problemen da ist. Ab und zu ein kurzes Gespräch ohne große Diskussion („Wie geht's?"), um Interesse und Bereitschaft zu signalisieren. Reflexion der Zielerreichung in größeren Abständen (Ergebniskontrolle). Lob auf keinen Fall vergessen!

Grafische Darstellung der situativen Führung:

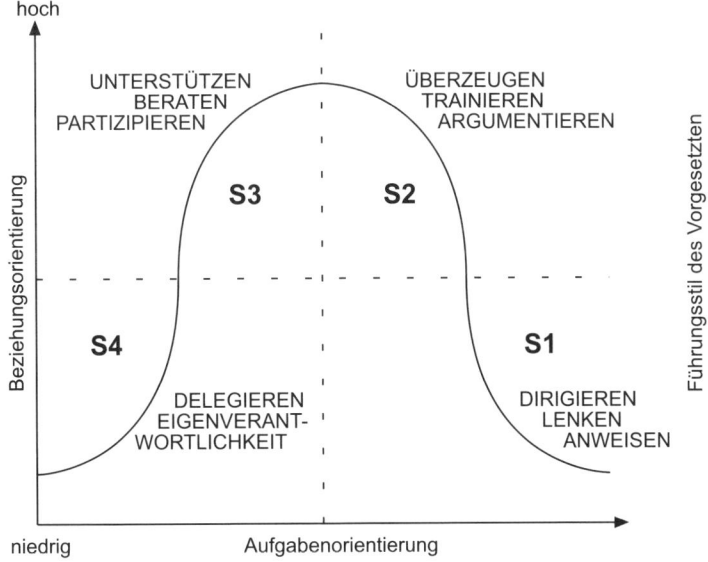

Service Level Agreement (SLA)

Vereinbarung über zu liefernde Leistungsumfänge. Wird auch innerbetrieblich immer stärker verwendet, um den Leistungsaustausch zwischen den Abteilungen zu dokumentieren.

Neben den positiven Aspekten innerbetrieblicher SLAs, wie z. B. klarere Budgets und die Übersicht über den Leistungsaustausch zwischen den Abteilungen, können SLAs in Unternehmen auch eine starke Bürokratie auslösen. Stellen Sie sich vor, Sie rufen in der Nachbarabteilung an und der Kollege verbucht gleich einmal 10 Minuten auf Ihre Kostenstelle oder beantwortet Ihre Frage erst, wenn er weiß, wo er seine Aufwände verbuchen darf. Überlegen Sie sich deshalb genau, wann ein Aufschreiben der Leistungen sinnvoll ist und wann es mehr Aufwand als Nutzen erzeugt. Sie können SLAs auch gröber definieren, indem Sie „pauschal" jedes Jahr einen Budgetrahmen festlegen, der den Leistungsaustausch zwischen den Abteilungen definiert. Dies ist in vielen Fällen ausreichend.

Ship to line

Aus dem Englischen: Lieferung direkt in die Fertigung, Montage.

Ship to stock

Aus dem Englischen: Lieferung ohne Eingangskontrolle an Lager.

Soft Skills

Weiche Fähigkeiten nennt man die sozialen Kompetenzen eines Mitarbeiters, also Kommunikations- und Konfliktverhalten oder Teamfähigkeit. Durch das Zunehmen von Teamarbeit werden Soft Skills immer wichtiger. Gleichzeitig verlangt der Arbeitgeber aber nach wie vor Hard Skills, also Fachkompetenz. Hier eine Liste typischer Soft Skills:

- Selbstorganisation und Zeitmanagement: Bin ich gut organisiert?
- Analytik: Kann ich Probleme schnell erfassen?
- Urteilsvermögen: Kann ich schnell erkennen, was zu tun ist?
- Kreativität: Kann ich neue Wege finden?
- Eigeninitiative/Engagement: Handle ich proaktiv?
- Motivation: Kann ich mich selbst und andere motivieren?
- Ausdrucksvermögen: Wie kommuniziere ich?
- Teamfähigkeit: Kann ich mich gut in eine Gruppe integrieren?
- Beziehungsgestaltung mit Kollegen: Kann ich mit Kollegen gute Arbeitsbeziehungen eingehen?
- Konflikt- und Kritikfähigkeit. Bin ich fähig, Kritik aufzunehmen und daraus zu lernen?
- Ziel- bzw. Ergebnisorientierung: Denke und handle ich ergebnisorientiert?

- Selbstsicherheit: Wie wirke ich auf andere?
- Verantwortungsbewusstsein: Handle ich immer besonnen und verantwortungsbewusst?
- Loyalität: Bin ich integer?
- Fähigkeit, Mitarbeiter zu führen (informelle Führung): Werde ich schnell als informeller Führer von meinen Kollegen anerkannt?
- Lernbereitschaft: Entwickle ich mich ständig weiter und bin ich bereit dazuzulernen?
- Ausdauer: Habe ich Durchhaltevermögen?
- Veränderungsbereitschaft: Bin ich flexibel und veränderungsbereit (bezogen auf die Aufgabe oder auch auf das soziale Umfeld)?
- Risikobereitschaft: Bin ich bereit, Entscheidungen zu treffen?
- Politischer Sachverstand: Kann ich mit Widerständen umgehen?
- Visionskraft: Kann ich Menschen für eine Idee begeistern?

Es gibt sehr gute Tests, die das Persönlichkeitsprofil eines Mitarbeiters ermitteln können. Es ist empfehlenswert, bei wichtigen Positionen einen solchen Test im Rahmen der Bewerberauswahl durchzuführen.

SOHO
Small Office / Home Office, aus dem Englischen: Kleine Büros oder Heimbüros.

Spin-off
Ausgliederung und Verselbstständigung einer Abteilung oder eines Unternehmensteils aus einem Unternehmen.

Stakeholder
Zu Deutsch: Beteiligter. Unter dem Begriff werden alle Personen, sozialen Gruppen und Institutionen zusammengefasst, die konkrete Interessen an einem Unternehmen haben und diese Interessen in Form von Ansprüchen formulieren. Hierzu zählen z. B. Mitarbeiter, Aktionäre, Banken, Kunden, Lieferanten, Staat, Gewerkschaften, Verbände. In vielen Unternehmen entsteht eine Diskussion über die Priorisierung der Stakeholder. Im → Shareholder-Value-Konzept z. B. steht der Aktionär an erster Stelle. Porsche hingegen hat beispielsweise folgende Priorisierung kommuniziert:
- Kunde
- Mitarbeiter
- Lieferanten/Partner
- Aktionäre

Strategieentwicklung

Die Entwicklung einer Strategie und deren Implementierung ist eine der wichtigsten Managementaufgaben. Bei einem Strategieentwicklungsprozess sind folgende Schritte zu beachten:

Phasen	Zentrale Leitfragen und Maßnahmen
1. Vision/ Leitbild	• Wo kommen wir her? • Wer sind wir und was wollen wir sein? • Wo wollen wir hin?
2. Definition der Kerngeschäfte	• Kerngeschäfte sind alle wertschöpfenden Beiträge. • Welche Projekte, Prozesse und Kunden sowie Geschäftsbereichs-/ Wertstrategien haben Einfluss auf unser Geschäft? • Welche strategischen Entwicklungen wirken sich auf uns aus? • Was ist unser Beitrag zur Wertschöpfung? • Welche Bedeutung hat unser Bereich innerhalb des Unternehmens? • Für wen wollen/ müssen wir tätig sein? • Wer sind unsere Leistungsnehmer und interne/ externe Wettbewerber?
3. Umfeldanalyse	• Wie werden sich die uns beeinflussenden Bereiche verändern? • Welche Auswirkungen haben diese Veränderungen für unseren Bereich? • Entwicklung von relevanten Kriterien, die Einfluss auf unser Kerngeschäft haben, z. B. Nachfrage der Leistung, Interessengruppen (MA, Kunden), Markt und Konkurrenz, Technologieentwicklung, Sparten-/Funktionsstrategie • Entwicklung eines Portfolios • Entwicklung eines Chancen- und Gefahrenprofils
4. Interne Stärken- und Schwächenanalyse	• Was sind unsere Stärken, was können wir bereits? • Wo sehen wir Schwachstellen/ Veränderungsbedarf, z. B. bezogen auf Qualifikation der MA und FK, Ressourcen, unsere Struktur/ Organisation, unsere Abläufe/ Prozesse?
5. Erarbeitung der Grundstrategie	• Was sind unsere zentralen Herausforderungen? • Auf welche Fragen/ Probleme müssen wir Antworten finden? • Wo steckt Handlungsbedarf, wo müssen wir aktiv werden? • Was ergeben sich daraus für Zielsetzungen? • Was sind die Erfolgsfaktoren und Gütekriterien?

Entwickeln Sie Ihre Strategie nicht im „stillen Kämmerlein". Eine Strategie lebt von ihrer Akzeptanz. Je mehr Menschen Sie in die Entwicklung der Strategie einbinden, desto eher wird sie verstanden und damit auch von den Mitarbeitern verinnerlicht.

Stretch-Goal

Aus dem Englischen: überhöhte Zielvorgabe. Nach dem Motto: „Verlange mehr als du erwartest, dann bekommst du das, was du wolltest."

Supply Chain Management

Diese spezielle Form des Managements ist verantwortlich für die Organisation und den reibungslosen Ablauf der Liefertätigkeiten zwischen dem Unternehmen, seinen Lieferanten und seinen Kunden. In einer Zeit, in der die Eigenfertigung immer geringer wird und immer mehr von Zulieferunternehmen gefertigt und geliefert wird, ist das Managen der gesamten Zulieferkette von zunehmender Bedeutung. Ziel ist die Optimierung des Prozesses von den Lieferanten bis zum Endkunden. Supply Chain Management beinhaltet das Managen und Optimieren von:

- Ladungsträgern
- Transportwegen
- Lagerung
- Bestell- und Fakturierungsprozessen
- Qualitätsprüfung
- Abstimmung der Fertigungsprozesse

Supply Chain Management funktioniert nur, wenn die Lieferanten bereit sind, sehr eng zu kooperieren. In der Regel sind die besten Ergebnisse zu erzielen, wenn die Fertigungsprozesse optimal aufeinander abgestimmt sind. Achten Sie somit darauf, schon bei Vertragsabschlüssen mit Lieferanten das Thema „Optimierung der Supply Chain" aufzunehmen. Dies bedeutet, dass Sie Zugang zur Fertigung des Lieferanten haben müssen und dass Sie gemeinsam mit dem Lieferanten an Konzepten zur Optimierung der Prozesskette arbeiten.

SWOT-Analyse

ist eine Technik der Strategieplanung. Dabei geht es darum, ein Vorhaben nach

- Strengths / Stärken
- Weaknesses / Schwächen
- Opportunities / Chancen/Gelegenheiten
- Threats / Gefahren/Risiken

zu beurteilen. Das systematische Aufbereiten der Vor- und Nachteile, die das Projekt mit sich bringt, erleichtert in der Regel die Entscheidungsfindung und reduziert Fehlentscheidungen. Lassen Sie bei jedem neuen Projekt eine SWOT-Analyse durchführen. Bitten Sie auch weitere Experten um ihre Meinung zu dem Vorhaben. Dies verhindert, dass Sie wesentliche Risiken unterschätzen. Besonders bei den Risiken empfiehlt sich außerdem, deren Analyse in Eintrittswahrscheinlichkeit und Konsequenzen zu verfeinern. Insbesondere für die Risiken mit hoher Eintrittswahrscheinlichkeit und hoher Konsequenz für das Unternehmen sollten entsprechende Gegenmaßnahmen erarbeitet werden.

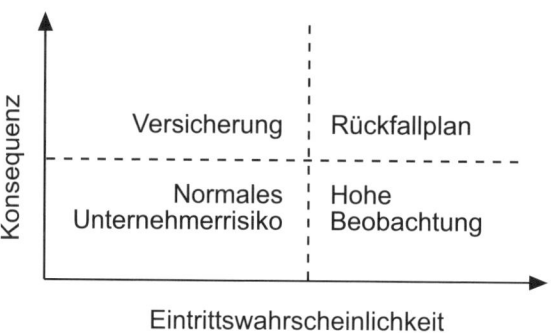

T

Target Costing

Die Zielkostenrechnung ist ein Preismanagement, bei dem die Preise nicht nach Kosten, sondern nach Marktbedingungen festgelegt werden. Normalerweise errechnen sich die Abgabepreise eines Unternehmens nach den für die Herstellung aufgewendeten Kosten. Diese werden summiert und mittels Kostenrechnung wird der Verkaufspreis ermittelt. Dagegen arbeitet Target Costing von vornherein mit jenen Preisen, die am Markt erzielt werden können und richtet danach die Kostenstruktur für die Entwicklung und die Produktion. Dabei sind folgende Fragen zu beantworten:

- Welcher Preis ist am Markt akzeptabel?
- Wie sieht die Preisgestaltung der Konkurrenz aus?
- Wie kann der Zielpreis mit den Kosten vereinbart werden? Gerade bei dieser Frage greift Target Costing auch als Kostensenkungsmanagement. Wird der Zielpreis festgelegt, richtet sich danach auch das Kostenmanagement, das bereits bei der Konstruktion beginnt. Target Costing ermöglicht eine marktgerechtere Kostenstruktur und mobilisiert im Unternehmen Kostensenkungsprogramme.

Achten Sie darauf, dass Sie bei der Entwicklung eines Produkts nicht nur den Fokus auf den Kosten haben. Wie bei jedem Projekt, gibt es eine Zielkonkurrenz zwischen Kosten, Qualität und Terminen. Wenn der Druck nur auf den Kosten liegt, ist das Risiko groß, dass z. B. an der Qualitätsschiene zu stark geschraubt wird.

Teamentwicklung

Systematische Bearbeitung des Konfliktpotenzials und Förderung des Ressourcen-potenzials eines Teams. Dazu gehören Maßnahmen, die die Zusammenarbeit in einem Team fördern. Die kann durch den Fokus auf die folgenden drei Ebenen stattfinden:

- Strategie: Wo wollen wir hin? Was sind unsere Ziele? Haben wir ein gemeinsames Verständnis unserer Strategie?
- Struktur: Sind wir als Gruppe richtig aufgestellt? Haben wir die richtigen Prozesse? Sind die Rollen im Team klar definiert?
- Kultur: Wie arbeiten wir zusammen? Sind die Beziehungen im Team in Ordnung?

Es hat sich als sinnvoll herausgestellt, einen unabhängigen Moderator in die Team-entwicklung einzubinden. Dieser dient sozusagen als Katalysator für das Team und bringt – wenn er gut ist – die wichtigen Themen auf den Tisch. Oft werden Team-entwicklungen als Eingeständnis von Problemen gesehen. Dies ist jedoch nicht so. Teams brauchen in bestimmten Abständen – ähnlich wie Fahrzeuge – einen „Kun-dendienst". Es ist deshalb sinnvoll, ein- bis zweimal pro Jahr ein Zeitfenster einzu-planen, in dem man sich mit seinem Team zu den drei Themen (Strategie, Struktur und Kultur) Gedanken macht.

Think Tank

Zu deutsch: Denkfabrik. Mit diesem Begriff werden Technologie- oder Forschungs-abteilungen bezeichnet, die sich mit neuen Trends beschäftigen, oder eine Arbeits- oder Projektgruppe, die zur Erarbeitung kreativer Lösungen eingesetzt wird.
Achten Sie darauf, dass die Forschungsabteilungen den Draht zur operativen Ent-wicklung nicht verlieren. Als sehr positiv hat sich die → Job-Rotation mit den Ent-wicklungs- bzw. Konstruktionsabteilungen herausgestellt.

Total Quality Management (TQM)

Ganzheitliches Qualitätsmanagement in Unternehmen. Grundprinzipien des TQM sind die Kundenorientierung, die Prozessorientierung sowie das Managementver-halten. Damit diese Prinzipien Erfolg bringen, müssen sie unternehmensindividuell eingesetzt werden.
Kundenorientierung bedeutet:

- Kundenanforderungen systematisch ermitteln und im Unternehmen umsetzen
- Kundenzufriedenheit regelmäßig ermitteln
- Ergebnisse der Kundenzufriedenheitsuntersuchung als Grundlage für die inter-nen Kunden-Lieferanten-Gespräche verwenden

Prozessorientierung bedeutet:

* Prozesse und Prozessketten bestimmen / aufzeichnen
* Prozessverantwortlichkeit festlegen
* Kunden-Lieferanten-Übergänge ermitteln und Anforde- rungen klären
* Prozessbeherrschung herstellen
* Prozessregelung betreiben

Viele Unternehmen haben versucht, TQM einzuführen, leider oft mit mäßigem Erfolg. Dies liegt nicht an den Methoden und Instrumenten, sondern meist daran, dass das Vorhaben nur halbherzig verfolgt wurde. Es gilt der Grundsatz: Ganz oder gar nicht!

Traineeprogramm

Gemeint ist damit ein spezielles Einarbeitungsprogramm für junge Nachwuchskräfte im Unternehmen. Neben einem internen Weiterbildungsprogramm ist es dabei das Ziel, die Mitarbeiter verschiedene Bereiche durchlaufen zu lassen. Dies gibt ihnen einen guten Überblick über das Unternehmen.

Meistens werden sehr hohe Anforderungen an die Traineekandidaten gestellt (internationale Ausbildung und Potenzial einer Nachwuchsführungskraft). In vielen Unternehmen sind aber für die Absolventen eines Traineeprogramms keine entsprechenden Stellen vorhanden. Deshalb verlassen viele dieser Mitarbeiter das Unternehmen. Achten Sie also darauf, dass Sie nur Trainees ausbilden, die auch zu den hinterher zur Verfügung stehenden Stellen passsen.

U

Unfriendly take over

Aus dem Englischen: feindliche Übernahme der Mehrheit eines Unternehmens gegen den Willen des Managements.

Das Management des übernommenen Unternehmens versucht meistens in den Monaten vor der Übernahme, den Übernehmenden als „Feind" darzustellen. Die Mitarbeiter sind deshalb meistens sehr negativ eingestellt. Oft sind die anstehenden Integrationsprozesse mühsam oder scheitern. Dabei sind folgende Prämissen hilfreich:

* Tauschen Sie einen Teil des Managements aus und besetzen Sie die Schlüsselpositionen mit Befürwortern der Übernahme.
* Starten Sie einen → Post Merger Integration (PMI) Prozess.

Unique Selling Proposition (USP)

Alleinstellungsmerkmal, einzigartiges Verkaufsversprechen, das ein Produkt gegenüber anderen auszeichnet und nicht ohne weiteres von der Konkurrenz kopiert werden kann. In Umlauf gebracht wurde der Begriff 1960 von Rosser Reeves in seinem Buch „Reality and Advertising". Ein USP kann ein Produkt, eine Leistung, ein Prozess oder bestimmte Fähigkeiten von Mitarbeitern sein.

Jedes Unternehmen sollte nach Alleinstellungsmerkmalen streben. Denn nur USPs ermöglichen überdurchschnittliche Erträge.

V

Value Chain Management

Der Versuch, dem Kunden ein hochwertiges Produkt zu liefern und dabei gleichzeitig die Kosten so niedrig wie möglich zu halten. Das Value Chain Management beobachtet dazu ein Produkt von der Herstellung über die Verpackung und den Verkauf bis hin zu seiner Entsorgung und sucht nach Einsparpotenzialen.

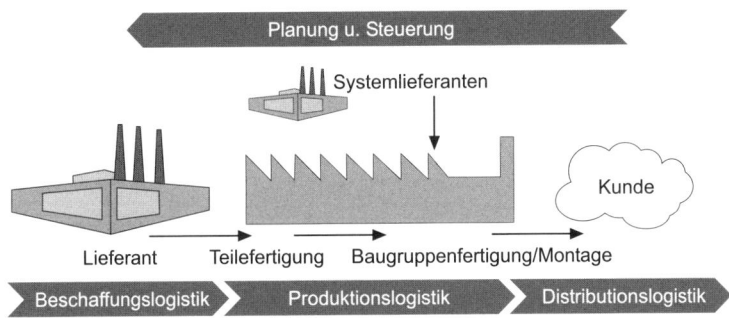

Die value chain macht nicht an der Unternehmensgrenze halt. Ziel ist es, die Kosten über die gesamte Wertschöpfungskette über alle Lieferanten- und Produktionsstufen zu betrachten.

Venture Management

Davon spricht man, wenn ein Risikokapitalgeber (Venture Capital) nicht nur Kapital mitbringt, sondern einem jungen Unternehmen auch mit Beratungsleistung zur Seite steht und seine Erfahrungen aus der Praxis einbringt. Die Rolle des Venture Managers ist oft diffus. Agiert er als Aktionär, als Geschäftsführer oder als Berater? Dies sollte im Vorfeld geklärt werden.

Virales Marketing

Marketingtheorie, die nicht auf groß angelegte Kampagnen setzt, sondern auf eine Art moderne Mundpropaganda: Wie ein Computervirus soll sich die Information unter den Konsumenten verbreiten.

In Zeiten von Social Media ist die Bedeutung des viralen Marketing immens gestiegen, da die Reichweite jedes einzelnen Konsumenten durch „Sharen" und „Liken" viel größer geworden ist. Zudem animieren Unternehmen ihre Kunden mehr oder weniger geschickt dazu, ihre Produkte viral zu promoten. Diese Form der Informationsverbreitung kann viele Vorteile für Produkte und Unternehmen haben, da sich z.B. neue Zielgruppen erschließen lassen. Allerdings sind virale Kampagnen schwer steuerbar und können auch zu negativen Ergebnissen führen.

Vision

Ein lebendiges, positives Bild von einer anstrebenswerten Zukunft. Das motivationsfördernde „Zielfoto" eines Unternehmens oder einer Person. Dabei sind folgende Fragen zu beantworten:

1. Wo kommen wir her?
2. Wer sind wir und was wollen wir sein?
3. Wo wollen wir hin?

Visionen haben heutzutage einen schlechten Ruf. Der Fokus liegt mittlerweile auf dem praktischen Tagesgeschäft. Trotzdem: Als Führungskraft brauchen Sie ein Zielfoto, das klar und kommunizierbar ist. Ob Sie dies Vision oder anders nennen, bleibt Ihnen überlassen.

Volumebundling

Aus dem Englischen: Volumenbündelung. Einkaufs- oder Teileoptimierung. Ziel ist es, Teile zu vereinheitlichen, um größere Mengen einzukaufen.

W

Wertorientierte Führung (WOF)

Managementansatz, bei dem die Erhöhung des Unternehmenswerts im Mittelpunkt steht. Er stellt sicher, dass der Wertbegriff bei der Gestaltung ganzheitlich berücksichtigt wird.

Verpflichten Sie Ihre Führungskräfte, die → Werttreiber Ihres Bereichs zu identifizieren. Diese Werttreiber können Sie dann in die Zielvereinbarung aufnehmen. Die Führungskräfte werden so daran gemessen, wie sie ihre Werttreiber optimieren.

Werttreiber

All jene Faktoren, die das wirtschaftliche Ergebnis maßgeblich beeinflussen und deren Verbesserung zu einer Steigerung des Unternehmenswerts führt.

Jedes Unternehmen hat spezifische Werttreiber. Wenn diese allen Mitarbeitern bekannt sind, werden diese sensibilisiert und achten speziell auf diese Prozesse (→ Wertorientierte Führung). Bei einem Autohaus könnten z. B. die Gebrauchtfahrzeuge eine wichtige Ertragsquelle sein. Wenn allen Mitarbeitern bewusst ist, dass der Verkauf, die Aufbereitung, die Pflege und Lagerung der Gebrauchtfahrzeuge höchste Priorität hat, werden alle gemeinsam daran arbeiten, dieses Geschäft zu optimieren.

Win–win–Situation

Der Begriff ist aus dem Harvard-Verhandlungsmodell entstanden. Dieses Modell teilt Verhandlungsstrategien in vier Felder auf:

Ziel sollte es immer sein, Win-Win-Situationen zu erzeugen, also Situationen, in denen beide Parteien das Gefühl haben, als Gewinner die Verhandlung zu verlassen.

Win-Win ist etwas anderes als der so genannte Kompromiss. Da jede Partei ja einen klaren Standpunkt hat, sind Win-Win-Situationen in der Regel nur mit kreativen Lösungen, die außerhalb der bisherigen Betrachtung liegen, möglich.

Wühlmausmethode

Methode, bei der verschiedene Teams beauftragt werden, nach Kosteneinsparpotenzialen zu suchen und entsprechende Vorschläge zu unterbreiten. Der erfolgreichste Mitarbeiter wird belohnt.

„Wühlmäuse" haben oft mit Widerständen in der Organisation zu kämpfen, denn Sie möchten ja bisher Verborgenes aufdecken. Die Angst, Kollegen zu schaden, führt deshalb oft dazu, dass die großen Stellhebel nicht benannt werden. Empfehlenswert kann es sein, den internen Teams auch externe Berater zur Seite zu stellen.

X

XYZ–Artikel

Klassifizierung von Artikeln nach ihrer Verbrauchsstruktur. Hieraus ergibt sich dann die Notwendigkeit eines Sicherheitsbestandes.

Merkmale eines X-Teils:

- konstanter Verbrauch
- hohe Vorhersagegenauigkeit
- geringe Sicherheitsbestände

Merkmale eines Y-Teils:

- schwankender Verbrauch
- geringere Vorhersagegenauigkeit
- höhere Sicherheitsbestände

Merkmale eines Z-Teils:

- völlig unkontrollierter Verbrauch
- Vorhersagegenauigkeit ist gleich Null

Die Kombination von ABC-Analyse und XYZ-Analyse ermöglicht eine noch gezieltere Vorgehensweise bezüglich der Disposition von Teilen und wird gerne im Einkauf verwendet, um zu priorisieren, wo besonders großer Handlungsbedarf ist.

	A	B	C
X	o	–	– –
Y	+	o	
Z	++	+	o

++	= erhöhte Bedeutung
+	= hohe Bedeutung
o	= normale Bedeutung
–	= verminderte Bedeutung
– –	= geringe Bedeutung

Y

Yesbutter

Aus dem Englischen, wörtlich: Ja-Aberer. Gemeint ist eine Person, die vordergründig zustimmt, jedoch im gleichen Atemzug Bedenken äußert. Ein Beispiel: „Ich finde den Plan gut, aber vielleicht sollten wir noch weiter prüfen."

Z

Zero Base Budgeting

Aus dem Englischen. Budgetierungstechnik, die nicht vom bestehenden Kostengefüge ausgeht, sondern nach neuen und wirtschaftlicheren Wegen der Leistungserbringung sucht. Ziel ist es, Lösungen oder neue Ansätze zu finden, die die Fixkosten reduzieren. Das Budget einer Abteilung wird bei diesem Ansatz erst einmal auf Null gesetzt. Nun geht es darum, jede Ausgabe neu zu begründen.

Die Technik funktioniert nur, wenn im ersten Schritt wirklich alles gestrichen wird, auch die Raumkosten und die Personalkosten. Die Frage muss lauten: Wenn wir diese Leistung nun neu erbringen müssten, ganz ohne Altlasten, wie würden wir sie erbringen und welche Aufwände hätten wir dann? Das Zero Base Budgeting ist immer dann sinnvoll, wenn die Kosten drastisch reduziert werden müssen. Um wirklich alle Kosten in Frage zu stellen, muss zunächst alles gestrichen und neu „genehmigt" werden. Dies gilt sowohl für Sachkosten als auch für Mitarbeiter.

Zielvereinbarung

Eine Art „Vertrag" zwischen dem Mitarbeiter und seinem Vorgesetzten über die zu erreichenden Ziele im kommenden Geschäftsjahr. Die Zielvereinbarung verfolgt folgenden Zweck:

1. Dem Mitarbeiter bewusst zu machen, worauf er seine Energie richten soll.

2. Zwingt den Vorgesetzten, sich darüber Gedanken zu machen, was er von seinem Mitarbeiter im kommenden Jahr erwartet.

3. Fördert die Kommunikation zwischen Vorgesetztem und Mitarbeiter (mindestens zwei Gespräche pro Jahr, nämlich ein Zielvereinbarungs- und ein Zielerreichungsgespräch).

4. Ermöglicht es, einen variablen Gehaltsanteil messbar zu machen.

5. Ermöglicht eine durchgängige Strategieimplementierung durch die so genannte Zielvereinbarungskaskade: Geschäftsführer mit Bereichsleiter, Bereichsleiter mit Abteilungsleiter, Abteilungsleiter mit Mitarbeiter.

Folgende Fehler werden oft gemacht:

- Es werden keine Zielvereinbarungen, sondern Zielvorgaben gemacht. Dadurch sinkt die Identifikation der Mitarbeiter.

- Es werden zu viele Abteilungs- bzw. Bereichsziele vereinbart. Dies fördert den Abteilungsegoismus. Jeder versucht, gut dazustehen, selbst wenn es auf Kosten der Firma ist. Daher sollten Sie darauf achten, immer auch Gesamtfirmenziele aufzunehmen.

- Oft werden zu viele Ziele vereinbart. Wenn der Mitarbeiter 20 oder 30 Ziele erreichen soll, verliert er den Überblick. Weniger als 10 Ziele pro Mitarbeiter sind ideal.

Literatur

Bea, Franz Xaver/Haas, Jürgen: Strategisches Management, Stuttgart 2012

Drucker, Peter F.: Management im 21. Jahrhundert, München 2003

Gutmann, Joachim/Schneider Jan Ole: Kennzahlen in der betrieblichen Praxis, Freiburg 2014

Hammer, Michael/Champy, James: Business Reengineering. Die Radikalkur für das Unternehmen, Frankfurt 2003

Hansen, Morten T./Nohria, Nitin/Tierney, Thomas: „Wie managen Sie das Wissen in Ihrem Unternehmen?", in: Harvard Business manager 5/1999, S. 85–96

Harry, Mikel/Schroeder, Richard: Six Sigma, Frankfurt 2000

Hölzl, Franz/Raslan, Nadja: Schwierige Personalgespräche führen. Professionell vorbereiten, sicher führen – mit Gesprächsleitfaden, Freiburg 2012

IMD International Lausanne/London Business School/The Wharton School of the University oft Pennsylvania: Das MBA-Buch. Mastering Management, Stuttgart 2001

Kaplan, Robert S./Norton, David P.: Balanced Scorecard, Stuttgart 2001

Malik, Fredmund: Führen-Leisten-Leben. Wirksames Management für eine neue Zeit, München 2013

Niermeyer, Rainer: Motivation. Instrumente zur Führung und Verführung. Freiburg 2007.

Nöllke, Matthias: Entscheidungen treffen, Freiburg 2010

Scheich, Günter: Positives Denken macht krank?! Vom Schwindel mit gefährlichen Erfolgsversprechen, Frankfurt 2002

Sprenger, Reinhard K.: Mythos Motivation. Wege aus einer Sackgasse, Frankfurt 2014

Stöwe, Christian/Beenen, Anja: Musterbeurteilung und Zielvereinbarung. 300 Musterziele für verschiedene Berufsgruppen, Freiburg 2013

Stichwortverzeichnis

Die Autoren

Dr. Matthias Nöllke

vom Textbüro Nöllke in München arbeitet als Journalist und Autor. Er ist für den Bayerischen Rundfunk sowie für zahlreiche Verlage und Unternehmen tätig. Von ihm sind bei Haufe u. a. die Bücher „Von Bienen und Leitwölfen", „Small Talk" und „Machtspiele" erschienen.
Von Dr. Matthias Nöllke stammt der erste Teil dieses Buches (S. 9 bis 77).

Prof. Dr. Christian Zielke

bekannt aus Rundfunk und Fernsehen, verfügt über internationale Managementerfahrung bei renommierten Firmen wie der Außenhandelskammer Hongkong, DaimlerChrysler, Hoechst AG (Aventis) und Preussag Konzern (TUI). Er ist Professor für Kommunikation und Personalmanagement an der Hochschule Giessen und ist als internationaler Executive Coach, Personalberater und Management-Trainer tätig. Seine Schwerpunkte sind Führung, Kommunikation und Motivation auf oberster Ebene.
Von Prof. Dr. Christian Zielke stammt der zweite Teil dieses Buches (S. 79 bis 168).

Dr. Georg Kraus,

Dipl.-Wirtschaftsingenieur, seit vielen Jahren als Organisationsberater und Coach tätig sowie Dozent an der Universität Clausthal, der St. Gallener Business School und der IAE in Frankreich. Er verfügt über langjährige Erfahrung als Change-Management-Berater und begleitet Unternehmen im Rahmen von Fusionen und Turnaround-Prozessen.
Von Dr. Georg Kraus stammt der dritte Teil dieses Buches (S. 169 bis 242).

Notizen

Notizen